U0682013

高职高专路桥类专业规划教材

GAOZHI GAOZHUAN LUQIAOLEI ZHUANYE GUIHUA JIAOCAI

工程测量实训指导书

程玉华　主　编

张本平　副主编

李青芳　李　杰　参　编

中国电力出版社

CHINA ELECTRIC POWER PRESS

内 容 提 要

　　本书为高职高专路桥类专业教材《工程测量》的配套用书。全书分为三个部分：第 1 章为工程测量实训总则，第 2 章为工程测量课间实训，第 3 章为工程测量综合实训。书后还有附录，以方便读者查询。

　　本书可作为道路桥梁工程技术专业、工程监理专业等交通土建专业各类职业技术教育教学用书，也可作为岗位技能培训教材使用。

图书在版编目（CIP）数据

工程测量实训指导书/程玉华主编. —北京：中国电力出版社，2009.7（2019.8 重印）
高职高专路桥类专业规划教材
ISBN 978 - 7 - 5083 - 8965 - 3

Ⅰ. 工…　Ⅱ. 程…　Ⅲ. 工程测量 – 高等学校：技术学校 – 教学参考
资料　Ⅳ. TB22

中国版本图书馆 CIP 数据核字（2009）第 097788 号

中国电力出版社出版发行
北京市东城区北京站西街 19 号　100005　http：//www.cepp.sgcc.com.cn
责任编辑：张鹤凌　　电话：010 - 58383355　邮箱：zhiyezige2008@163.com
责任印制：陈焊彬　　责任校对：王瑞秋
北京天宇星印刷厂印刷·各地新华书店经售
2009 年 7 月第 1 版·2019 年 8 月第 7 次印刷
787mm×1092mm　1/16·8.5 印张·213 千字
定价：19.80 元

前　　言

　　《工程测量实训指导书》是交通职业教育路桥类规划教材《工程测量》的配套教材，按照高职高专培养高素质技能型专门人才的要求，为了使土建类、测绘类专业的同学更好地掌握实用测量技术而编写的。本书共分三章，第1章　工程测量实训总则；第2章　工程测量课间实训；第3章　工程测量综合实训。书后还有《国家职业技能鉴定规范》、《国家工人技术等级标准》和《工程测量技能知识要求试题》方便读者参考。

　　本书由武汉交通职业学院的程玉华老师担任主编，陕西交通职业技术学院的张本平老师担任副主编，重庆交通大学的李杰老师、陕西交通职业技术学院的李青芳老师参加了编写。

　　教材编审委员会特邀武汉理工大学饶云刚教授担任主审。饶教授认真细致地审阅了终稿，并提出了许多宝贵的修改意见，在此向饶教授深表谢意。

　　由于编者水平所限，书中疏漏或错误之处在所难免，恳请业内专家批评指正。

编　者

目　　录

第1章 工程测量实训总则

一、测量实训规定

1. 在实训之前，必须复习材料中的有关内容，认真、仔细地预习本书，以明确目的、了解任务、熟悉实训步骤或实训过程，注意有关事项，并准备好所需文具用品。

2. 实训分小组进行，组长负责组织协调工作，办理所用仪器工具的借领和归还手续。

3. 实训应在规定的时间进行，不得无故缺席或迟到早退；应在指定的场地进行，不得擅自改变地点和离开现场。

4. 必须遵守本书列出的"测量仪器工具的借领与使用规则"和"测量记录与计算规则"。

5. 服从教师的指导，严格按照本书的要求，认真、按时、独立地完成任务。每项实训都应取得合格的成果，提交书写工整、规范的实训报告或实训记录，经指导教师审阅同意后，方可交还仪器工具，结束工作。

6. 在实训过程中，还应遵守纪律，爱护现场的花草、树木和农作物，爱护周围的各种公共设施，任意砍折、踩踏或损坏者应予赔偿。

二、测量仪器工具的借领与使用规则

对测量仪器工具的正确使用、精心爱护和科学保养，是测量人员必须具备的素质和应该掌握的技能，也是保证测量成果质量、提高测量工作效率和延长仪器工具使用寿命的必要条件。在仪器工具的借领与使用中，必须严格遵守下列规定。

（一）仪器工具的借领

1. 实训时凭学生证到仪器室办理借领手续，以小组为单位领取仪器工具。

2. 借领时应该当场清点检查：实物与清单是否相符；仪器工具及其附件是否齐全；背带及提手是否牢固；脚架是否完好等。如有缺损，可以补领或更换。

3. 离开借领地点之前，必须锁好仪器并捆扎好各种工具。搬运仪器工具时，必须轻取轻放，避免剧烈震动。

4. 借出仪器工具之后，不得与其他小组擅自调换或转借。

5. 实训结束，应及时收装仪器工具，送还借领处检查验收，办理归还手续。如有遗失或损坏，应写出书面报告说明情况，并按有关规定给予赔偿。

（二）仪器的安置

1. 在三角架安置稳妥之后，方可打开仪器箱。开箱前应将仪器箱放在平稳处，严禁托在手上或抱在怀里。

2. 打开仪器箱之后，要看清并记住仪器在箱中的安放位置，避免以后装箱困难。

3. 提取仪器之前，应先松开制动螺旋，再用双手握住支架或基座，轻轻取出仪器放在三脚架上，保持一手握住仪器，一手拧连接螺旋，最后旋紧连接螺旋，使仪器与脚架连接牢固。

4. 装好仪器之后，注意随即关闭仪器箱盖，防止灰尘和湿气进入箱内。严禁坐在仪器箱上。

（三）仪器的使用

1. 仪器安置之后，不论是否操作，必须有人看护，防止无关人员搬弄或行人、车辆碰撞。

2. 在打开物镜时或在观测过程中，如发现灰尘，可用镜头纸或软毛刷轻轻拂去，严禁用手指或手帕等物擦拭镜头，以免损坏镜头的镀膜。观测结束后应及时套好镜盖。转动仪器时，应先松开制动螺旋，再平稳转动，使用微动螺旋时，应先旋紧制动螺旋。

3. 制动螺旋应松紧适度，微动螺旋和脚螺旋不要旋到顶端，使用各种螺旋都应均匀用力，以免损伤螺纹。

4. 在野外使用仪器时，应该撑伞，严防日晒雨淋。

5. 在仪器发生故障时，应及时向指导教师报告，不得擅自处理。

（四）仪器的搬迁

1. 在行走不便的地区迁站或远距离迁站时，必须将仪器装箱之后搬迁。

2. 短距离迁站时，可将仪器连同脚架一起搬迁。其方法是：先取下垂球，检查并旋紧仪器连接螺旋，松开各制动螺旋使仪器保持初始位置；再收拢三脚架，左手握住仪器基座或支架放在胸前，右手抱住脚架放在肋下，稳步行走。严禁斜扛仪器，以防摔碰。

3. 搬迁时，小组其他人员应协助观测员带走仪器箱和有关工具。

（五）仪器的装箱

1. 每次使用仪器之后，应及时清除仪器上的灰尘及脚架上的泥土。

2. 仪器拆卸时，应先将仪器脚螺旋调至同高的位置，再一手扶住仪器，一手松开连接螺旋，并用双手取下仪器。

3. 仪器装箱时，应先松开各制动螺旋，使仪器就位正确，试关箱盖确认放妥后，再拧紧制动螺旋，然后关箱上锁。若合不上箱口，切不可强压箱盖，以防压坏仪器。

4. 清点所有附件和工具，防止遗失。

（六）测量工具的使用

1. 金属尺的使用：应防止扭曲、打结和折断，防止行人踩踏或车辆碾压，尽量避免尺身着水。携尺前进时，应将尺身提起。不得沿地面拖行，以防损坏刻划。金属尺用完后应擦净、涂油，以防生锈。

2. 皮尺的使用应均匀用力拉伸，避免着水、车压。如果皮尺受潮，应及时晾干。

3. 各种标尺、花杆的使用：应注意防水、防潮，防止手横向压力，不能磨损尺面刻划的漆皮，不用时安放稳妥。对于塔尺，还应注意接口处的正确连接，用后及时收尺。

4. 测图板的使用：应注意保护板面，不得乱写、乱扎，不能施以重压。

5. 对于小件工具如垂球、测钎、尺垫等的使用，应用完即收，防止遗失。

6. 一切测量工具都应保持清洁，专人保管搬运，不能随意放置，更不能作为捆、扎、抬、担的他用工具。

三、测量记录与计算规则

测量记录是外业观测成果的记载和内业数据处理的依据。在测量记录或计算时必须严肃认真，一丝不苟，严格遵守下列规则。

1. 在测量记录之前，准备好硬芯（2H 或 3H）铅笔，同时熟悉记录表上各项内容及填写、计算方法。

2. 记录观测数据之前，应将记录表头的仪器型号、日期、天气、测站、观测者及记录者姓名等无一遗漏地填写齐全。

3. 观测者读数后，记录者应随即在测量记录表上的相应栏内填写，并附诵回报以供检核，不得另纸记录事后转抄。

4. 记录时要求字体端正清晰，数位对齐，数字对齐。字体的大小一般占格宽的 1/3 ～ 1/2，字脚靠近底线；表示精度或占位的 "0"（例如水准尺读数 1.500 或 0.023、度盘读数 93°04′00″）均不可省略。

5. 观测数据的尾数不得更改，读错或记错后必须重测重记。例如：角度测量时，秒级数字出错，应重测该测回；水准测量时，毫米级数字出错，应重测该测站；金属尺量距时，毫米级数字出错，应重测该尺段。

6. 观测数据的前几位若出错时，应用细横线划去错误的数字，并在原数字上方写出正确的数字。注意不得涂擦已记录的数据；禁止连环更改数字。例如：水准测量中的黑、红面读数，角度测量中的盘左、盘右，距离丈量中的往、返量等，均不能同时更改，否则重测。

7. 记录数据修改后或观测成果废弃后，都应在备注栏内写明原因（如测错、记错或超限等）。

8. 每站观测结束后，必须在现场完成规定的计算和检核，确认无误后方可迁站。

9. 数据运算应根据所取位数，按 "四舍六入，五前单进双舍" 的规则进行凑整。例如，对 1.424 4m、1.423 6m、1.423 5m、1.424 5m 这几个数据，若取至毫米位，则均应记为 1.424m。

10. 应该保持测量记录的整洁，严禁在记录表上书写无关内容，更不得丢失记录表。

第2章 工程测量课间实训

2.1 水准仪的认识及实训

实训一 水准仪的认识与使用

一、目的与要求

1. 认识 DS_3 级水准仪各部分的构造。
2. 练习水准仪的使用方法。

二、仪器与工具

1. 由仪器室借领：DS_3 级水准仪 1 台，共用水准标尺 4 根。
2. 个人自备：计算器、笔、草稿纸。

三、实训方法与步骤

1. 各组把仪器安置在指定的地点，面向预先安置好的 4 根标尺。
2. 首先熟悉一下水准仪的构造，各部分的名称、作用和操作方法。
3. 练习用圆水准器粗略整平仪器，用望远镜照准标尺，用微倾螺旋使管水准器气泡居中，依次读取 A、B、C、D4 根标尺的读数，并计算相邻点间的高差 h_{AB}、h_{BC} 及 h_{CD}。

四、注意事项

1. 三脚架要安置稳妥，高度适当，架头接近水平，伸缩腿螺旋要旋紧。
2. 用双手取出仪器，握住仪器坚实部分，要确认已在三脚架上装牢以后才可放手，仪器箱盒要随即关紧。
3. 掌握正确操作方法，特别是用圆水准安平仪器和使用望远镜的方法。
4. 要先认清水准尺的分划和注记，然后练习在望远镜内读数。
5. 要爱护仪器，注意"测量仪器使用规则"。

五、上交资料

1. 每人上交水准仪的认识与使用实训记录一份。
2. 每人上交实训报告一份。

水准仪的认识与使用实训记录

1. 微倾式水准仪由_____、_____和_____三个主要部分组成。

2. 视准轴是指望远镜_____与_____的连线；水准管轴是指_____；圆水准器轴是指_____。

3. 粗略整平可依据_____法则，利用_____螺旋使_____气泡居中；而读数前还必须用_____螺旋使_____气泡符合，从而视线精确水平。

4. 视差是指_____；视差产生的原因是_____；清除方法是_____。

5. A 点处的水准尺读数是_____，B 点处的水准尺读数是_____，C 点处的水准尺读数是_____，D 点处的水准尺读数是_____。

$h_{AB} = $ _____；$h_{BC} = $ _____；$h_{CD} = $ _____。

实 训 报 告

日期：_____　　班级：_____　　组别：_____　　姓名：_____　　学号：_____

实训题目	水准仪的认识与使用	成绩	
实训目的			
主要仪器及工具			
实训场地布置草图			
实训主要步骤			
实训总结			

实训二　普通水准测量

一、目的与要求

1. 进一步练习 DS$_3$ 水准仪的正确使用方法。

2. 练习普通水准测量的作业方法；记录和计算方法。

二、仪器与工具

1. 由仪器室借领：DS$_3$ 级水准仪 1 台，水准尺 1 根，尺垫 1 个，记录板 1 块。

2. 个人自备：笔，计算器，草稿纸。

三、实训方法与步骤

1. 在指定的地点选择 5 个以上点构成一条水准路线。

2. 一人观测，一人扶尺，完成一个闭合环或一个单程，然后交换工作。

四、注意事项

1. 注意水准测量进行的步骤，严防水准仪和水准尺同时移走。

2. 注意正确填写记录。

3. 要选择好测站和转点的位置，尽量避开行人和车辆的干扰，保持前后视距离相等，视线长不超过 100m，最小读数不小于 0.30m。

4. 水准尺要立直，用黑面读数。转点要选择稳固可靠的点，用尺垫时要踩实。

5. 读数时要注意气泡符合，消除视差，防止读错、记错。

6. 仪器要保护好，迁站时仪器应抱在胸前，所有仪器盒等工具都要随人带走。

7. 记录要书写整齐清楚，随测随记，不得重新誊抄。

8. 容许闭合差按 $\pm 30 \sqrt{L}$（mm）计算，L 为闭合路线或起、终水准点间单程路线之长（以 km 计）。

9. 起、终水准点各组采用共同点，闭合路线的起始点也可由各组自行选定。为避免拥挤，全班同学可分两部分按相对方向进行。

10. 计算出高差和闭合差，用 $\sum h$ 和 $\sum$（后视读数）$-\sum$（前视读数）检核计算。

五、上交资料

1. 每组上交普通水准测量记录表一份。

2. 每人上交实训报告一份。

普通水准测量记录表

日期：_____年___月___日　　天气：_____　　仪器型号：_____　　组号：_____

观测者：_____　　记录者：_____　　立尺者：_____

测点	水准尺读数		高差 h/m		高程 H /m	备注
	后视 a/m	前视 b/m	+	−		
		—	—	—		
			—	—		
Σ						
计算校核	$\sum a - \sum b =$			$\sum h =$		

实　训　报　告

日期：_____　班级：_____　组别：_____　姓名：_____　学号：_____

实训题目	普通水准测量	成绩	
实训目的			
主要仪器及工具			
实训场地布置草图			
实训主要步骤			
实训总结			

实训三　四等水准测量

一、目的与要求

1. 巩固水准仪和水准测量的基本操作。

2. 练习四等水准测量的作业过程。

二、仪器与工具

1. 由仪器室借领：DS_3 级水准仪 1 台，双面水准尺 1 套（2 根），尺垫 2 块，记录板 1 块。

2. 个人自备：笔，计算器，草稿纸。

三、实训方法与步骤

1. 在指定的地点选择 5 个以上点构成一条闭合或附合水准路线。

2. 一人观测，一人记录，两人扶尺，每人测 1 个测站，然后交换工作，共同完成一段闭合（或附合）路线。

四、注意事项

1. 按规定的步骤和顺序进行观测记录和计算。

2. 按规定的格式把观测数据和计算数据填写在正确位置。

3. 注意每站上的作业要求和检核计算，不合格时在该站立即检查或重测。作业要求如下：

视线长不超过 100m；

红黑面读数差不超过 3mm；

红黑面高差之差不超过 5mm；

每站前后视距差不超过 3m；

各站前后视距差累计不超过 10m。

每一测站上应完成各项检核计算，全部合格后，才能迁站。

4. 观测结束后要对高差和视距进行总的计算与校核，闭合差不超过 $\pm 20\text{mm} \sqrt{L}$，L 为闭合路线或附合路线之长，以 km 计。

五、上交资料

1. 每组上交四等水准测量记录表一份。

2. 每人上交实训报告一份。

四等水准测量记录表

日期：_____年___月___日 自_____ 测至_____ 天气_____ 观测者：_____
成像_____ 记录者：_____

测站编号	后尺	下丝 上丝 后　距 视距差 d	前尺	下丝 上丝 前　距 $\sum d$	向及尺号	标尺读数 黑面	标尺读数 红面	$K+$黑$-$红	高差中数	备考
					后					
					前					
					后－前					
					后					
					前					
					后－前					
					后					
					前					
					后－前					
					后					
					前					
					后－前					
					后					
					前					
					后－前					
					后					
					前					
					后－前					

实 训 报 告

日期：_____　班级：_____　组别：_____　姓名：_____　学号：_____

实训题目	四等水准测量	成绩	
实训目的			
主要仪器及工具			
实训场地布置草图			
实训主要步骤			
实训总结			

实训四　微倾式水准仪的检验与校正

一、目的与要求

1. 巩固和深入理解水准仪检验和校正的原理。
2. 练习水准仪的检验和校正方法。

二、仪器与工具

1. 由仪器室借领：DS$_3$ 级水准仪 1 台，尺垫 2 个，水准尺 1 根，记录板 1 块。
2. 个人自备：笔，计算器，草稿纸。

三、实训方法与步骤

1. 检验圆水准器的误差，把仪器平转 180°后气泡中心偏离零点的距离（估计）记入记录，每人进行一次检验。如确有较明显偏差时，在教师指导下进行校正；然后进行第二次检验，把检验结果记录下来。

2. 在墙上找一点，使其恰好位于水准仪望远镜十字丝左端的横丝上，旋转水平微动螺旋，用望远镜右端对准该点，观察该点是否仍位于十字丝右端的横丝上。每人进行一次检验，横丝不作校正。

3. 检验水准管轴与视准轴是否平行时，把尺垫置于 AB 两点，AB 相距不小于 50m。将水准仪分别置于 AB 的中点和 B（或 A）点，测两点高差两次，记录读数并计算高差。两次高差之差即为近远尺上读数所产生的误差。每人进行一次检验，若所得误差相符，计算出远点的正确读数进行校正。校正应在教师指导下进行，校正后必须进行再一次的检验，并记录检验结果。当误差小于 4mm 时可不再校正。

四、注意事项

1. 检验工作必须十分仔细，每人检验一次，两人所得结果证明确存在误差时，才能进行校正，校正后必须进行第二次检验。

2. 校正必须特别细心，校正螺钉应由指导教师先松动，才能开始校正工作。拨动校正螺钉用力要适当，严防拧断螺钉。

3. 校正前必须先弄清该部件的构造，螺钉的旋向和校正的次序。拨校正螺钉时，先转动应松开的一个，后转动应旋紧的一个。校正到正确位置时，螺钉必须同时旋紧。

五、上交资料

1. 每组上交微倾式水准仪的检验与校正实训记录一份。
2. 每人上交实训报告一份。

微倾式水准仪的检验与校正实训记录

1. 圆水准器的检验

圆水准器气泡居中后，将望远镜旋转 180°后，气泡_____（填"居中"或"不居中"）。若不居中，气泡中心偏离零点的距离为_____ mm。

2. 十字、丝横丝检验

在墙上找一点，使其恰好位于水准仪望远镜十字丝左端的横丝上，旋转水平微动螺旋，用望远镜右端对准该点，观察该点_____（填"是"或"否"）仍位于十字丝右端的横丝上。

3. 水准管平行于视准轴（i角）的检验

位置 ＼ 项目	立尺点		水准尺读数	高差	平均高差	是否要校正
仪器在 A、B 点中间位置	A					
	B					
	变更仪器高后	A				
		B				
仪器在离 B 点较近的位置	A					
	B					
	变更仪器高后	A				
		B				

4. 检验结论

经检验，该仪器下列条件：

圆水准器轴平行于仪器竖轴之条件（满足_____，不满足_____）；

十字丝横丝垂直于仪器竖轴之条件（满足_____，不满足_____）；

望远镜视准轴平行于水准管轴（在竖直面内投影）之条件（满足_____，不满足_____）。

A. 该仪器可以投入使用

B. 该仪器需校正不满足之条件使其满足后方可投入使用

实 训 报 告

日期：_____　班级：_____　组别：_____　姓名：_____　学号：_____

实训题目	微倾式水准仪的检验与校正	成绩	
实训目的			
主要仪器及工具			
实训场地布置草图			
实训主要步骤			
实训总结			

2.2　经纬仪的认识及实训

实训一　DJ$_6$ 光学经纬仪的认识与使用

一、目的与要求

1. 认识 DJ$_6$ 级经纬仪的构造。

2. 掌握 DJ$_6$ 经纬仪对中、整平、读数的方法。

二、仪器与工具

1. 由仪器室借领：经纬仪一台，记录板一块。

2. 个人自备：笔，计算器，草稿纸。

三、实训方法与步骤

1. 由仪器室借出仪器之后，到指定的位置去安置仪器。

2. 在安置仪器之前，先打开仪器箱，认清、记牢经纬仪在仪器箱子中安放的位置，以便实习结束后仪器能按原样装箱。

3. 仪器安装在三脚梁上，认识仪器的各个主要部件的名称、作用和相互关系，如仪器的上盘、下盘水准管，微动和制动螺旋，读数目镜，基座连接螺旋等。

4. 在地面所指定的标志点上练习整平和对中方法。整平后的仪器，当水平旋转 180°时，水准管气泡偏离中心不大于 ±1 格。

5. 每人轮流做一遍，第一人做完，应把仪器装箱，三脚架收起，第二人从头做起。

6. 在第二人做完仪器的对中、整平之后，每人可用盘左观测两个目标 A、B，读出水平读盘和竖直度盘读数，并记录在实习记录中。

四、注意事项

1. 打开三脚架后，要安置稳妥，先粗略对中地面标记，然后用中心螺旋把仪器牢固地连接在三脚架头上，并把箱子关上。

2. 仪器对中时，先使架头大致水平，若对中相差较远，可将整个三脚架连同仪器一起平移，使光学对中器中心接近地面标志点。

3. 制动螺旋不可拧（压）得太紧，微动螺旋不可旋得太松，也不可拧得太紧，以处于中间位置附近为好。

五、上交资料

1. 每人上交 DJ$_6$ 光学经纬仪的认识与使用实训记录一份。

2. 每人上交实训报告一份。

DJ₆ 光学经纬仪的认识与使用实训记录

1. 光学经纬仪由＿＿＿＿＿＿、＿＿＿＿＿＿和＿＿＿＿＿三部分组成。

2. 经纬仪有两对＿＿＿＿＿和＿＿＿＿＿螺旋，以控制照准部在＿＿＿＿＿方向和望远镜在＿＿＿＿＿方向的转动，从而保证仪器能方便地照准任何方向的目标。

3. 仪器对中的目的是＿＿＿＿＿，对中的方法有锤球对中和光学对中两种，锤球对中的要领是先移动＿＿＿＿＿，使＿＿＿＿＿大致对准地面标志，再稍旋松＿＿＿＿＿在＿＿＿＿＿上平移仪器使其精确对中。光学对中的要领是先调节脚螺旋使地面标志点位于＿＿＿＿＿分划板中央，然后伸缩架腿使＿＿＿＿＿气泡居中，再稍旋松＿＿＿＿＿螺旋在架头上＿＿＿＿＿仪器使地面标志点位于＿＿＿＿＿分划板中央，最后将仪器整平。

4. 仪器整平的目的是＿＿＿＿＿＿＿＿＿＿，整平分为粗略整平和精确整平，粗略整平是利用＿＿＿＿＿进行的，精确整平则利用＿＿＿＿＿进行。最终整平是指仪器转至任何方向＿＿＿＿＿气泡居中，而＿＿＿＿＿是否严格居中则是次要的。

5. 经纬仪瞄准 A 点时的水平度盘读数是＿＿＿＿＿，竖直度盘读数是＿＿＿＿＿；经纬仪瞄准 B 点时的水平度盘读数是＿＿＿＿＿，竖直度盘读数是＿＿＿＿＿。

DJ$_6$ 光学经纬仪的认识与使用实训报告

日期：_____ 班级：_____ 组别：_____ 姓名：_____ 学号：_____

实训题目	DJ$_6$ 光学经纬仪的认识与使用	成绩	
实训目的			
主要仪器及工具			
实训场地布置草图			
实训主要步骤			
实训总结			

实训二　DJ₂ 光学经纬仪的认识与使用

一、目的与要求

1. 认识 DJ₂ 级仪器的构造特点及符合读数的读数方法。

2. 巩固经纬仪对中、整平的方法。

二、仪器与工具

1. 由仪器室借领：DJ₂ 级经纬仪 1 台，记录板 1 块。

2. 个人自备：笔，计算器，草稿纸。

三、实训方法与步骤

1. 各组把经纬仪安置在指定的桩位上，对中、整平，面向预先设置的照准目标。

2. 首先熟悉一下仪器的构造特点，然后旋转度盘影像变换旋钮，同时注视读数窗的变化，当旋钮上的标志线处于水平位置时，其读数窗显示的即为水平度盘影像，当标志线位于竖直位置时，读数窗显示的即为竖直度盘影像。

3. 将度盘影像变换旋钮的标志线处于水平位置，旋转测微螺旋，使度盘刻划线的上下影像重合，并读出读数，在读数后，请指导教师检查读数是否正确。

4. 将度盘影像变换旋钮的标志线处于竖直位置，旋转测微螺旋，使度盘刻划线的上下影像重合，并读出读数，在读数后，请教师检查读数是否正确。

5. 每人轮流作一遍，第 2 个人工作时重新对中、整平。

四、注意事项

1. 测角时动作要轻，工作要仔细，照准要精确。

2. 进行读数时，度盘刻划线要注意精确符合。

3. 微动螺旋及测微螺旋要在前进方向即顺时针方向停止，如果照准或符合已经过头，不能再以前进方向旋转时，则应先后退到适宜位置，再以前进方向旋转。

五、上交资料

1. 每人上交 DJ₂ 光学经纬仪的认识与使用实训记录一份。

2. 每人上交实训报告一份。

DJ₂ 光学经纬仪的认识与使用实训记录

经纬仪瞄准 A 点时的水平度盘读数是＿＿＿＿＿＿＿＿，竖直度盘读数是＿＿＿＿＿＿＿＿；

经纬仪瞄准 B 点时的水平度盘读数是＿＿＿＿＿＿＿＿，竖直度盘读数是＿＿＿＿＿＿＿＿。

实 训 报 告

日期：_____　班级：_____　组别：_____　姓名：_____　学号：_____

实训题目	DJ$_2$ 光学经纬仪的认识与使用	成绩	
实训目的			
主要仪器及工具			
实训场地布置草图			
实训主要步骤			
实训总结			

实训三　测回法观测水平角

一、目的与要求

1. 练习测回法测水平角的观测及计算方法。
2. 进一步练习仪器的对中、整平。

二、仪器与工具

1. 由仪器室借领：DJ_6 级经纬仪 1 台，记录板 1 块。
2. 个人自备：笔，计算器，草稿纸。

三、实训方法与步骤

1. 在指定的测站上安置仪器，进行对中整平，用目镜对光螺旋调光使十字丝清晰。
2. 在盘左位置，固定下盘、松开上盘，分别瞄准 A、B 及读数 a_1、b_1，则 $\beta_1 = b_1 - a_1$。
3. 同理在盘右位置，得到读数 b_2、a_2，则 $\beta_2 = b_2 - a_2$。
4. 当 $|\beta_2 - \beta_1| \leqslant 40''$，取平均值后 $\beta = (\beta_1 + \beta_2)/2$。
5. 每人轮流做一个合格的测回，填写实习记录。

四、注意事项

1. 仪器要安置稳妥，对中、整平要仔细。
2. 观测目标要认真消除视差。
3. 在观测中若发现气泡偏离较多，应废弃并重新整平观测。

五、上交资料

1. 每组上交测回法观测水平角实训记录一份。
2. 每人上交实训报告一份。

测回法观测水平角实训记录

日期：_____年___月___日　　天气：_____　　　仪器型号：_____　　　组号：_____

观测者：_____　　　记录者：_____

测点	盘位	目标	水平度盘读数 （° ′ ″）	水平角		示意图
				半测回值 （° ′ ″）	一测回值 （° ′ ″）	

实 训 报 告

日期：_____ 班级：_____ 组别：_____ 姓名：_____ 学号：_____

实训题目	测回法观测水平角	成绩	
实训目的			
主要仪器及工具			
实训场地布置草图			
实训主要步骤			
实训总结			

实训四　方向观测法观测水平角

一、目的与要求

1. 练习用 DJ_6 级经纬仪作方向观测法观测水平角的观测、记录、计算方法。
2. 区分测回法和方向观测法的不同。

二、仪器与工具

1. 由仪器室借领：DJ_6 经纬仪 1 台，记录板 1 块。
2. 个人自备：笔，计算器，草稿纸。

三、实训方法与步骤

1. 在指定的测站上安置仪器，进行对中、整平。
2. 调清十字丝。选择好起始方向，安置好度盘读数，消除视差，开始观测。
3. 上半测回顺时针观测，记录由上向下记；下半测回逆时针观测，记录由下向上记。
4. 读数：DJ_6 级直读到 $1'$，估读到 $0.1'$。
5. 限差。

仪器	半测回归零差 （″）	同方向各测回 2C 值 互差（″）	各测回同一方向 值互差（″）
J_6	18	30	24

6. 每人轮流做一遍，填写实习记录。

四、注意事项

1. 三脚架要安置稳妥，仪器连接要牢靠。
2. 正确地按照操作方法去做，仪器转动时要慢而稳。
3. 起始方向要选择清晰、距离适中的目标。
4. 每次照准部的微动螺旋转动，都必须以旋进方向去精确照准目标。
5. 每半个测回开始测之前，先使照准部绕竖轴按观测顺序方向轻转两圈，然后再观测。

五、上交资料

1. 每组上交方向观测法观测水平角实训记录一份。
2. 每人上交实训报告一份。

方向观测法观测水平角实训记录

日期：_____年____月____日　　天气：_____　　仪器型号：_____　　组号：_____

观测者：_____　　记录者：_____

测站	测回数	目标	水平度盘读数		2C (″)	方向值 (°′″)	归零方向值 (°′″)	各测回平均方向值 (°′″)
			盘左 (°′″)	盘右 (°′″)				

实 训 报 告

日期：_____　　班级：_____　　组别：_____　　姓名：_____　　学号：_____

实训题目	方向观测法观测水平角	成绩	
实训目的			
主要仪器及工具			
实训场地布置草图			
实训主要步骤			
实训总结			

实训五 竖 直 角 观 测

一、目的与要求

1. 认识竖盘构造。

2. 练习竖直角的观测，计算方法。

二、仪器与工具

1. 由仪器室借领：经纬仪 1 台，记录板 1 块。

2. 个人自备：笔，计算器，草稿纸。

三、实训方法与步骤

1. 在指定的测站上安置好仪器。

2. 按指定的一仰角目标和一俯角目标，用盘左、盘右各测一次，求出竖直角和竖盘指标差 x。

四、注意事项

1. 观测目标时，先调清十字丝，然后消除视差，每次读数时都要使指标水准管气泡居中。

2. 计算竖直角时，要注意其正、负号。

3. 尽量用十字丝的交点来照准目标。

五、上交资料

1. 每组上交竖直角观测实训记录一份。

2. 每人上交实训报告一份。

竖直角观测实训记录

日期：_____年___月___日　　天气：_____　　仪器型号：_____　　组号：_____

观测者：_____　　记录者：_____

测点	目标	竖盘位置	竖盘读数 （° ′ ″）	半测回竖直角 （° ′ ″）	指标差 （ ″ ）	一测回竖直角 （° ′ ″）
		左				
		右				
		左				
		右				
		左				
		右				
		左				
		右				
		左				
		右				
		左				
		右				

实 训 报 告

日期：_____   班级：_____   组别：_____   姓名：_____   学号：_____

实训题目	竖直角观测	成绩	
实训目的			
主要仪器及工具			
实训场地布置草图			
实训主要步骤			
实训总结			

实训六　DJ₆ 经纬仪的检验与校正

一、目的与要求

1. 认识经纬仪应满足的理想关系。

2. 练习经纬仪检验和校正的方法。

二、仪器与工具

1. 由仪器室借领：经纬仪 1 台，测钎 3 根，水准尺 1 根，记录板 1 块，校正针 1 支。

2. 个人自备：笔，计算器，草稿纸。

三、实训方法与步骤

1. 照准部水准管的检验和校正

检验要求：

（1）每人独立检验一次做好记录；

（2）由两人的检验结果确定仪器是否满足理想关系。

若两次检验气泡偏移均小于半格，即基本满足关系。

校正要求：

（1）两人检验结果气泡均偏移半格以上者，方可校正；

（2）检校需要反复进行，直至检验气泡之偏移格数，在 1/2 格以内时为止。

2. 十字丝竖丝的检验和校正

检验要求：

（1）分别独立检验一次，记录竖丝对一固定点由一端到另一端的偏离长度（估计，以 mm 计）；

（2）以两人检验的近似结果，作为仪器的关系状态。

校正要求：

（1）两次检验结果竖丝一端均偏离固定点 2mm 以上者，应校正；

（2）校正后再检验，竖丝不应偏离固定点。

3. 望远镜视准轴的检验和校正

检验要求：

（1）检验应分别独立进行，可用横尺读数法，也可用插测钎量距法；

（2）分别记录两次倒镜后在横尺上的读数，计算读数差；

（3）两人的读数差之差值小于 3mm，即可取平均值作为该仪器的视准轴与横轴的关系资料。否则应重检验一次。

校正要求：当两读数差值的平均值不小于 8mm 时应校正。

4. 望远镜横轴的检验和校正

检验要求如下。

（1）用盘左和盘右的视线在墙上指出的两点 A 和 B 的距离小于 4mm 时即认为满足理想关系（墙高应在 10m 以上，竖直角度大于 30°）；

（2）两人检验结果误差不超过 2mm，然后取平均值作为检验仪器的横轴关系资料。

校正要求：横轴的校正设备位于支架内部，学员只提供横轴关系资料，校正由修理人员进行。

5. 竖盘指标水准管的检验和校正

检验要求如下。

（1）以盘左和盘右观测某一固定点的竖直角并计算，即

$$\Delta a = a_左 - a_右$$

（2）当 $a_左 - a_右 \leq \pm 1'$ 时，即认为竖盘指标处于正常状态，但应计算出指标差。

校正要求如下。

（1）当两人所得资料均为 $a_左 - a_右 > \pm 1'$ 时，应校正。

（2）当校正到 $a_左 - a_右 \leq \pm 1'$ 后，即认为竖盘指标处于正常状态。

（3）求算指标差。

四、注意事项

1. 爱护仪器，不得随意拨动仪器的各个螺钉。

2. 需要校正部分，应向指导教师说明仪器的关系资料和应当校正的方法，待教师同意后进行校正。

3. 校正应在教师指导下进行。检验和校正应反复进行，直至满足要求为止。

五、上交资料

1. 每组上交 DJ_6 经纬仪的检验与校正实训记录一份。

2. 每人上交实训报告一份。

DJ₆ 经纬仪的检验与校正实训记录

日　　期：_____年___月___日　　　　班组：_____　　　　仪器号：_____

观测者：_____　　　　　　　　　　　　　　　　　　　　　　　　　记录者：_____

1. 照准部水准管轴垂直于竖轴的检验

检验次第	1	2	3	平均	校　正　意　见
气泡偏离格数					

2. 十字丝纵丝的检验

检验次第	1	2	3	平均	校　正　意　见
气泡偏离纵丝的最大距离 /mm					

3. 视准轴误差的检验（1/4 法）

检验次第	1	2	3	平均	$2C$	校　正　意　见
MN 之长/mm					$C = \dfrac{1}{2}\dfrac{MN}{OB}\rho$ =	
OB 之距离/m						
检验略图						

4. 横轴误差的检验

检验次第	1	2	3	平均	$2i$	检验略图
m_1m_2 之长/mm					$i = \dfrac{1}{2}\dfrac{m_1m_2}{pm}\rho$ =	
pm 之距离/m						
校正意见						

5. 光学对中器的检验

检验次第	1	2	3	平均	校　正　意　见
旋转180°后之偏距/mm					
改变仪器高旋转180°后之偏距/mm					

6. 竖盘指标差的检验

照准点名	盘左读数 L （° ′ ″）	盘右读数 R （° ′ ″）	$x = \dfrac{1}{2}(L + R - 360°)$	$R' = R - x$
校正意见				

检验结论：

校正后结论（供参考）：

　　该仪器的轴线关系已经过认真细致的检验，对不满足要求的轴线关系已仔细作了校正。校正后各项轴线关系均在限差要求以内，能满足作业要求，可以用于作业。

检校者（签名）：_____

日　　　期：_____

实 训 报 告

日期：_____　　班级：_____　　组别：_____　　姓名：_____　　学号：_____

实训题目	DJ$_6$ 经纬仪的检验与校正	成绩	
实训目的			
主要仪器及工具			
实训场地布置草图			
实训主要步骤			
实训总结			

实训七　电子经纬仪的认识与使用

一、目的与要求

1. 了解电子经纬仪的一般构造和各部件的功能。
2. 熟悉电子经纬仪的读数系统。

二、仪器与工具

1. 由仪器室借领：电子经纬仪 1 台，记录板 1 个。
2. 个人自备：笔，计算器，草稿纸。

三、实训方法与步骤

1. 准备

（1）安置经纬仪。对中，整平。

（2）开机。旋转照准部和望远镜各一周，仪器完成初始化，检查电压显示，确定电源的工作状态。

（3）垂直倾斜校正。为了确保测量精度，必须接通各传感器。显示值可用于精平仪器，如果倾斜过多，显示为"b"，说明仪器超出了自动补偿的范围，应手动精平仪器。

2. 角度测量

盘左照准目标 A，将水平度盘读数置零，方法是按两次【OSET】键，然后盘左照准目标 B，读取显示屏水平度盘读数；然后转盘右，继续完成一个测回的观测。

3. 水平角设置

转动微动螺旋，置放所需的水平方向读数值，按【HOLD】键，照准目标，设置水平方向值。

4. 重复角度测量

（1）依次按【FUNC】—【REP】键，照准目标 A，按【OSET】键。

（2）转动水平微动螺旋，照准目标 B，按【HOLD】键。

（3）转动水平微动螺旋，再次照准目标 A，按【R/L】键。

（4）再次照准目标 B，按【HOLD】键。

（5）根据测量需要的次数，重复第（3）、（4）步即可。

四、注意事项

1. 三脚架要安置稳妥，仪器连接要牢靠。
2. 爱护仪器，仪器有异常显示，及时向指导教师反映。
3. 正确按照操作方法去做，仪器转动时要慢而稳。

五、上交资料

1. 每组上交电子经纬仪的认识与使用实训记录一份。
2. 每人上交实训报告一份。

电子经纬仪的认识与使用实训记录

1. 电子经纬仪与普通经纬仪的不同点是：

_____

_____

_____

_____。

2. 盘左照准 A 水平度盘读数 _____；盘左照准 B 水平度盘读数 _____；盘右照准 A 水平度盘读数 _____；盘右照准 B 水平度盘读数 _____；一测回角度值 _____。

实 训 报 告

日期：_____ 班级：_____ 组别：_____ 姓名：_____ 学号：_____

实训题目	电子经纬仪的认识与使用	成绩	
实训目的			
主要仪器及工具			
实训场地布置草图			
实训主要步骤			
实训总结			

2.3　金属尺一般量距与罗盘仪定向

实训一　金属尺一般量距与罗盘仪定向

一、目的与要求

1. 掌握金属尺一般量距的操作方法。

2. 掌握用罗盘仪测定磁方位角的方法。

3. 理解正、反方位角的关系平均值的计算方法。

二、仪器与工具

1. 由仪器室借领：J_6 光学经纬仪 1 台、测钎 4 个、金属尺 1 把、记录板 1 个，以班为单位借领罗盘仪 1 套，标杆 2 根，量角器 1 个，比例尺 1 把，坐标纸 1 张。

2. 个人自备：笔，计算器，草稿纸。

三、实训方法与步骤

1. 在 A 点架仪—瞄准 B 点—在 AB 之间用测钎定点 1、2—丈量各段距离。

图 2 - 1

2. 在 A 点安置罗盘仪，对中整平后，松开磁针固定螺丝，使磁针能自由旋转，用望远镜瞄准 B 点，读取磁针北端在刻度盘上的读数（若物镜与刻度盘的 180°在同一测，则用磁针南端读数），即为 AB 边的正磁方位角。

3. 将罗盘仪搬至 B 点安置，瞄准 A 点，测出 AB 边的反磁方位角。若各边正、反磁方位角的差值在 179°~180°之间，取其平均值作为最后的结果。即：

$$\alpha_{平均} = 1/2\left[\alpha_{正} + (\alpha_{反} \pm 180°)\right]$$

四、注意事项

1. 爱护工具，金属尺不得在地上拖行、折扭和脚踏车压。

2. 拉尺前应检查金属尺是否扭结成环，必须及时理开，切勿骤然猛拉。

3. 前后测手应配合一致，拉力要均匀，拉力的大小应尽量和检定时的拉力一致；金属尺使用完毕应擦去尘土和水气。

4. 选点时要注意避开导磁金属及高压线的干扰，取出罗盘仪或搬站时要先固定好磁针。

5. 测定磁方位角时，要认清磁针的指北、指南针，弄清应该用指北针读数还是指南针读数。

6. 各边正、反方位角值要及时的比较，若误差超限，应立刻查明原因并重测。

五、上交资料

1. 每组上交金属尺一般量距与罗盘仪定向实训记录一份。

2. 每人上交实训报告一份。

金属尺一般量距与罗盘仪定向实训记录

仪器号：_____　　班组：_____　　观测者：_____　　记录者：_____　　日期：_____

　1. 往测时，用金属尺量得：A1 = _____，12 = _____，2B = _____，故有：AB = _____。

　2. 返测时，用金属尺量得：B2 = _____，21 = _____，1A = _____，故有：BA = _____。

　则此次丈量的相对精度（往返较差率）K = _____。

罗盘仪测磁方位角记录

直线	正方位角	反方位角	平均方位角	互　　差	备　　注
AB					
BA					

实 训 报 告

日期：_____　班级：_____　组别：_____　姓名：_____　学号：_____

实训题目	金属尺一般量距与罗盘仪定向实训记录	成绩	
实训目的			
主要仪器及工具			
实训场地布置草图			
实训主要步骤			
实训总结			

2.4　全站仪的认识及实训

实训一　全站仪的认识

一、目的与要求

1. 了解全站仪的显示与键盘功能。

2. 了解全站仪的配置菜单及仪器的自检功能。

3. 掌握全站仪的测站安置方法及测站设置。

4. 了解全站仪各种数据信息的输入与输出方法。

二、仪器与工具

1. 由仪器室借领：全站仪一台。

2. 个人自备：笔，计算器，草稿纸。

三、实训方法与步骤

1. 在实习指导教师的指导下，熟悉全站仪的各个螺旋及全站仪的显示面板的功能等。

2. 在实习指导教师的指导下，熟悉全站仪的配置菜单及仪器的自检功能。

3. 在实习指导教师的指导下，正确、快速地进行全站仪的对中、整平工作。

4. 在实习指导教师的指导下，进行全站仪的测站设置（输入测站点坐标、定向点坐标、仪器高、觇标高等数据）和定向工作。

四、注意事项

1. 由于全站仪是集光、电、数据处理于一体的多功能精密测量仪器，在实习过程中应注意保护好仪器，尤其不要使全站仪的望远镜受到太阳光的直射，以免损坏仪器。

2. 未经指导教师的允许，不要任意修改仪器的参数设置，也不要任意进行非法操作，以免因操作不当而发生事故。

五、上交资料

1. 每组上交全站仪的认识实训记录一份。

2. 每人上交实训报告一份。

全站仪的认识实训记录

1. 全站仪的组成：_____

_____

_____

_____○

2. 全站仪的测站设置的内容：_____

_____

_____

_____

_____○

实 训 报 告

日期：_____ 班级：_____ 组别：_____ 姓名：_____ 学号：_____

实训题目	全站仪的认识	成绩	
实训目的			
主要仪器及工具			
实训场地布置草图			
实训主要步骤			
实训总结			

实训二　全站仪角度测量和距离测量

一、目的与要求

1. 掌握全站仪的角度及距离测量方法。

2. 继续熟悉全站仪的功能菜单的设置与应用。

二、仪器与工具

1. 由仪器室借领：全站仪 1 台，棱镜 1 套，记录板。

2. 个人自备：笔，计算器，草稿纸。

三、实训方法与步骤

1. 安置仪器：将全站仪架设于测站上，对中整平，开机，完成自检。

2. 设置棱镜常数。

3. 设置大气温度与气压值或气象改正值。

4. 设置仪器高、棱镜高。

5. 照准目标棱镜，按测距键开始观测，读水平度盘读数、竖盘读数及水平距离读数并记录。

四、注意事项

由于全站仪是集光、电、数据处理程序于一体的多功能精密测量仪器，在实习过程中应注意保护好仪器，尤其不要使全站仪的望远镜受到太阳光的直射，以免损坏仪器。

五、上交资料

1. 每组上交全站仪角度测量和距离测量实训记录一份。

2. 每人上交实训报告一份。

全站仪角度测量和距离测量实训记录

日期：____年____月____日　　观测者：_____　　记录者：_____

测站	目标	盘位	水平角度 (°′″)	一测回水平 角度均值 (°′″)	竖直角度 (°′″)	一测回竖直 角度均值 (°′″)	平距 /m	平距均值 /m	备注
		盘左							
		盘右							
		盘左							
		盘右							
		盘左							
		盘右							
		盘左							
		盘右							
		盘左							
		盘右							
		盘左							
		盘右							
		盘左							
		盘右							
		盘左							
		盘右							
		盘左							
		盘右							
		盘左							
		盘右							

实 训 报 告

日期：_____　　班级：_____　　组别：_____　　姓名：_____　　学号：_____

实训题目	全站仪角度测量和距离测量	成绩	
实训目的			
主要仪器及工具			
实训场地布置草图			
实训主要步骤			
实训总结			

实训三 全站仪坐标测量

一、目的与要求
1. 掌握全站仪的坐标测量方法。
2. 继续熟悉全站仪的功能菜单的设置与应用。

二、仪器与工具
1. 由仪器室借领：全站仪 1 台，棱镜 1 套，记录板，小钢卷尺 1 把。
2. 个人自备：笔，计算器，草稿纸。

三、实训方法与步骤
1. 安置仪器。将全站仪架设于测站上，对中整平，开机，完成自检。
2. 设置棱镜常数。
3. 设置大气温度与气压值或气象改正值。
4. 设置仪器高、棱镜高。
5. 设定测站点的三维坐标。
6. 照准后视，设定后视点的坐标或设定后视方向的水平度盘读数为其方位角。
7. 照准目标棱镜，按坐标测量键，全站仪开始测距并计算显示测点的三维坐标。

四、注意事项
由于全站仪是集光、电、数据处理程序于一体的多功能精密测量仪器，在实习过程中应注意保护好仪器，尤其不要使全站仪的望远镜受到太阳光的直射，以免损坏仪器。

五、上交资料
1. 每组上交全站仪坐标测量实训记录一份。
2. 每人上交实训报告一份。

全站仪坐标测量实训记录

日期：_____年____月____日　观测者：_____　记录者：_____

测站点：_____　测站点 X：_____　测站点 Y：_____　测站点 Z：_____

后视点：_____　后视点 X：_____　后视点 Y：_____　后视点 Z：_____

测站	目标	盘位	X /m	Y /m	Z /m	备注
		盘左				
		盘右				
		盘左				
		盘右				
		盘左				
		盘右				
		盘左				
		盘右				
		盘左				
		盘右				
		盘左				
		盘右				
		盘左				
		盘右				
		盘左				
		盘右				
		盘左				
		盘右				
		盘左				
		盘右				

实 训 报 告

日期：_____　班级：_____　组别：_____　姓名：_____　学号：_____

实训题目	全站仪坐标测量	成绩	
实训目的			
主要仪器及工具			
实训场地布置草图			
实训主要步骤			
实训总结			

实训四　全站仪放样测量

一、目的与要求

1. 掌握用全站仪按极坐标法放样平面点位的施测过程。
2. 熟悉用全站仪按坐标法放样平面点位的施测过程。

二、仪器与工具

1. 由仪器室借领：全站仪 1 台、棱镜 1 套、斧子 1 把、木桩若干。
2. 个人自备：计算器、笔、计算用纸。

三、实训方法与步骤

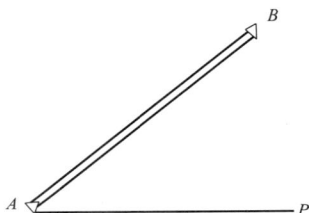

图 2 - 2

（一）全站仪极坐标法放样点位

1. 在实训场地事先布设一定数量的控制点（保证每小组有一个控制点）。
2. 各组选择一个控制点和定向点（假如为 A、B 点）。
3. 各小组拟定一放样点 P（x，y）。
4. 反算 AB、AP 边坐标方位角 α_{AB}，α_{AP} 及 D_{AP}。
5. 计算放样角度 $\beta = \arctan\dfrac{y_P - y_A}{x_P - x_A} - \arctan\dfrac{y_B - y_A}{x_B - x_A}$。
6. 计算放样距离 $D_{AP} = \sqrt{(y_P - y_A)^2 - (x_P - x_A)^2}$。

7. 将全站仪架设在 A 点，瞄准定向点 B，将水平度盘调到 00°00′00″，若 β 大于 0°，正拨水平角度 β，得到 AP 方向，反之反拨角 β 值（逆时针）在此方向上测得水平距离 D_{AP} 即可得到 P 点点位。

（二）用全站仪按坐标放样

选择全站仪的坐标放样功能。

1. 安置仪器：将全站仪架设于测站上，对中整平，开机，完成自检。
2. 设置棱镜常数。
3. 设置大气温度与气压值或气象改正值。
4. 设置仪器高、棱镜高。
5. 设定测站点的三维坐标。
6. 照准后视，设定后视点的坐标或设定后视方向的水平度盘读数为其方位角。
7. 输入放样点坐标。
8. 进入放样准备状态，转动全站仪的照准部使 d_{HA} 变为 00°00′00″，然后沿此方向立对中杆，使棱镜的中心正对仪器，按一下测距键，根据仪器显示的距离差值 d_{HD}，沿此方向前后移动对中杆使变 d_{HD} 为零。该点的所在的位置即为待放样点的点位。

四、注意事项

1. 在用经纬仪与金属尺放样时，应注意经纬仪的视准差 C 值的大小，如精确放样应采用整倒镜分中法给出方向，而水平距离应考虑三项改正即换算成放样距离。

2. 全站仪放样点位时，有的全站仪可以事先将点的坐标置于仪器内存中，但在调出这些数据时一定要认真检查，放样完成后可以按坐标测量的方法进行检测。

五、上交资料

1. 每小组上交全站仪极坐标法放样平面点位实训记录表一份。

2. 每人上交实训报告一份。

全站仪极坐标法放样平面点位实训记录

日期：_____年___月___日　观测者：_____　记录者：_____

测站点：_____　测站点 X：_____　测站点 Y：_____

后视点：_____　后视点 X：_____　后视点 Y：_____

后视方位角：_____°　′　″

放样点位	放样方位角 (°′″)	放样角度 (°′″)	放样距离 /m	坐标/m	
				x	y

实 训 报 告

日期：_____　班级：_____　组别：_____　姓名：_____　学号：_____

实训题目	全站仪放样测量	成绩	
实训目的			
主要仪器及工具			
实训场地布置草图			
实训主要步骤			
实训总结			

实训五　全站仪平面控制导线测量

一、目的与要求

1. 掌握导线测量工作内容和方法，进一步提高测量技术水平。

2. 进一步熟悉全站仪坐标测量的方法。

二、仪器与工具

1. 由仪器室借领：全站仪 1 台、棱镜 1 套、记录板 1 块，斧子 1 把、木桩若干。

2. 个人自备：计算器、笔、计算用纸。

三、实训方法与步骤

1. 在实验区域内选取 A、B、C、D 四点，A、D 通视，A、B、C 相互通视并组成三角形，假设 AD 为已知方位边，A 为已知点。

2. 在 A 点架设全站仪，对中、整平后，输入气象参数、棱镜常数、测站坐标，后视 D 点，设置后视已知方位角。

3. 依次观测 C 点、B 点，测量并记录其 X 与 Y 坐标及 AB 方位角。

4. 搬站至 B 点，以 B 为测站，以 A 为后视，观测 C 点，记录其 X 与 Y 坐标。

5. 搬站至 C 点，以 C 为测站，以 B 为后视，观测 A 点，记录其 X 与 Y 坐标。

6. 计算坐标闭合差，评定导线精度。

四、注意事项

1. 边长较短时，应特别注意严格对中。

2. 瞄准目标一定要精确。

五、上交资料

1. 每组上交全站仪平面控制导线测量实训记录一份。

2. 每人上交实训报告一份。

全站仪平面控制导线测量实训记录

日期：_____年____月____日　　观测者：_____　　记录者：_____

已知点 A 坐标：$x =$ _____　　$y =$ _____

已知方位：$\alpha_{AD} =$ _____ ° _____ ′ _____ ″

测站	后视	前视	前视坐标/m					
			x	x 改正值	改正后的 x	y	y 改正值	改正后的 y
	$f_x =$		$f_y =$		$f_p =$			
	导线全长相对闭合差 $f =$ _____							

实 训 报 告

日期：_____　　班级：_____　　组别：_____　　姓名：_____　　学号：_____

实训题目	全站仪平面控制导线测量	成绩	
实训目的			
主要仪器及工具			
实训场地布置草图			
实训主要步骤			
实训总结			

2.5　GPS 接收机的认识及使用

实训一　GPS 接收机的认识及使用

一、目的与要求

1. 了解一般静态 GPS 接收机的基本构造，掌握静态 GPS 测量的基本操作方法。

2. 了解一般 GPS 后处理软件的功能与一般使用。

3. 参观一般 GPS 接收机的工作方法，使用的要领，掌握仪器的操作方法。

二、仪器与工具

1. 由仪器室借领：以班为单位轮流借用 GPS 接收机 1 套（3 台，带脚架）、小金属卷尺 1 把。

2. 个人自备：笔，计算器，草稿纸。

三、实训方法与步骤

1. 在开阔地方，分别将 GPS 接收机由仪器箱中取出，在测站上安置仪器，整平、对中，并量取仪器高度，并将它和当时的天气情况记入 GPS 测量手册，提供电源。

2. 启动 GPS 接收机。

（1）起动方式：按接收机上的 ON/OFF 键超过 3s，直到指示灯闪烁，松开按键。

（2）根据靠近开关键的指示灯显示情况，可以看出 GPS 接收机的工作情况。

（3）测量过程中建立的数据文件。

① 每个测站上采集的数据包含两个文件：

＊.OBS 文件——观测文件；

.××N——导航文件（其中××表示年，如 ＊.94N）。

两个观测文件中至少应有一个供后处理软件应用的一个导航数据文件。在每个时段测量最后，还记录反映卫星位置和卫星健康状况的年历数据文件，扩展名为 ＊.ALM，并可应用于软件的计划方式。

文件名以 GPS 惯例自动生成，共有 8 个字符，它含有测站名、日期和时段号（ID），如果在同一天重复设站，ID 会自动改变。

接收机若接收测站上的年历文件，至少需要跟踪卫星 15min。

② 观测数据文件名由 8 个字符标记：×　×××　×××　×，其意思为：第 1 个字符为 ID 标记（用字母 A 或 B…. 表示），第 2～4 个字符表示接收机系列编号，第 5～7 个字符表示一年中观测时的天数，第 8 个字符表示 Session ID（通常用 A 表示）。其他的如点编号、点码、测站信息、高度角、数据记录间隔、偏心和观测持续时间与前面的意义相同（注意：不同的接收机可能会有不同的文件名的编排顺序）。

3. 停止测量时，长时间按下 ON/OFF 键（一般 3s 就够了），直到指示灯不再亮了为止。

4. 数据处理。

利用外业观测的资料，在数据处理室由指导教师演示数据处理工作，主要进行：

（1）数据传输；

（2）基线预处理；

（3）平差计算；

（4）坐标转换；

（5）成果的输出。

四、注意事项

1．GPS 接收机属特贵重设备，实习过程中应严格遵守测量仪器的使用规则。

2．在测量观测期间内，由于观测条件的不断变化，要注意应按时查看接收机是否工作正常，电池是否够用。

3．GPS 接收机正常工作状态下，不要再转动或搬动仪器。

4．GPS 接收机应安置在高度角大于 15°的地方。

5．正常测量时间应该大于 20min。

6．通过观看或动手操作 GPS 测量后处理软件，理解 GPS 测量的一般步骤。

GPS 接收机的认识及使用实训记录

测站名：_____ 观测者姓名：_____ 观测日期：_____年____月____日

开始时间：_____ 结束时间：_____

天气状况：_____ 近似气温：_____ ~ _____℃。

接收机号：_____ 天线号：_____

天线高：_____ m

观测情况记录：_____。

电池电压：_____（条块）；平均接收卫星数_____颗。

备注说明：_____

_____。

测站点之记录及略图	测站障碍物略图
北 ↑	北

实 训 报 告

日期：_____　　班级：_____　　组别：_____　　姓名：_____　　学号：_____

实训题目	GPS 接收机的认识及使用	成绩	
实训目的			
主要仪器及工具			
实训场地布置草图			
实训主要步骤			
实训总结			

2.6　大比例尺地形图的测绘

实训一　经纬仪测绘法测图

一、目的与要求

1. 熟悉经纬仪测绘法测图的操作要领。

2. 了解经纬仪测绘法测图全部组织工作。

二、仪器与工具

1. 由仪器室借领：经纬仪1台，小平板1套，三角板1副，量角器1个，记录板1块，花杆1根，视距尺1根，大头针5枚，比例尺1把，图纸1张，测伞1把，测旗1面，书包1个。

2. 自备：计算器、铅笔、小刀、橡皮、分规、草稿纸。

三、实训方法与步骤

1. 在选定的测站上安置经纬仪，量取仪器高度，并在经纬仪旁边架设小平板（图纸已粘在小平板上）。

2. 用大头针将量角器中心与平板图纸上已展绘出的该测站点固连。

3. 选择好起始方向（另一控制点）并标注在小平板的格网图纸上。

4. 经纬仪盘左位置照准起始方向后，水平度盘设置成00°00′00″。

5. 用经纬仪望远镜的十字丝中丝照准所测地形点视距尺上的"便利高"分划处的标志，读取水平角、竖盘读数（计算出竖直角）及视距间隔，算出视距，并用视距和竖直角计算高差和平距，同时根据测站点的假定高程计算出此地形点的高程。

6. 绘图人员用量角器从起始方向量取水平角，定出方向线，在此方向线上依测图比例尺量取平距，所得点位就是把该地形点按比例尺测绘到图纸上的点，然后在点的右旁标注其高程。

7. 用同样的方法，可将其他地形特征点测绘到图纸上，并描绘出地物轮廓线或等高线。

8. 人员分工是：一人观测、一人绘图、一人记录和计算、一人跑尺，每人测绘数点后，再交换工作。

四、注意事项

1. 此测图方法，经纬仪负责全部观测任务，小平板只起绘图作用。

2. 起始方向选好后，经纬仪在此方向上要严格设置成00°00′00″。观测期间要经常进行检查，发现问题及时纠正或重测。

3. 在读竖盘读数时，要使竖盘指标水准管气泡居中（或使自动归零装置打开）并应注意修正因竖盘指标差对竖直角有影响。

4. 记录、计算要迅速准确，保证无误。

5. 测图中要保持图纸清洁，尽量少画无用线条。

6. 仪器和工具比较多，要各负其责，既不出现仪器事故，又不丢失测图工具。

7. 测点高程采用假定高程，碎部点均采用"便利高"法观测。

8. 跑尺者与观测者要按预先约定好的旗语手势进行作业。

五、上交资料

1. 每组上交经纬仪测绘法测图记录表和所测原图各一份。

2. 每人上交实训报告一份。

经纬仪测绘法测图记录表

测站：＿＿＿＿＿　　　后视点：＿＿＿＿＿　　　高 $i=$ ＿＿＿＿＿ m　　　测站高程 $H_0=$ ＿＿＿＿＿ m

碎部点	视距间隔 n/m	中丝读数 l/m	竖盘读数 (°′″)	竖直角值 (°′″)	高差 h/m	$i-l$ /m	水平角值 β (°′″)	水平距离 D/m	高程 H/m	备注

实 训 报 告

日期：_____　　班级：_____　　组别：_____　　姓名：_____　　学号：_____

实训题目	经纬仪测绘法测图	成绩	
实训目的			
主要仪器及工具			
实训场地布置草图			
实训主要步骤			
实训总结			

实训二 全 站 仪 数 字 化 测 图

一、实习目的与要求

1. 熟悉全站仪的一般操作。
2. 掌握全站仪数字化测图的方法与步骤。

二、仪器与工具

1. 由仪器室借领：全站仪 1 台、小金属尺 1 把、带脚架棱镜 2 个、记录板 1 块。
2. 自备：铅笔、小刀、记录簿。

三、实习方法与步骤

在指导教师的安排下，每组领取 1 台全站仪，按下列步骤进行实训。

1. 测图前的准备工作。

（1）安置仪器。将全站仪架设于测站上，对中、整平。

（2）开机。按 POWER 或 ON 键，开机后仪器进行自检，自检结束后进入测量状态。有的全站仪自检结束后须设置水平度盘与竖盘指标，设置水平度盘制表的方法：旋转照准部，听到鸣响即设置完成；设置竖盘指标的方法是纵转望远镜，听到鸣响即设置完成。设置完成后显示窗才能显示水平度盘与竖直度盘的读数。

2. 坐标测量。

（1）设定测站点的三维坐标。

（2）照准后视，设定后视点的坐标或设定后视方向的水平度盘读数为其方位角。

（3）设置棱镜常数。

（4）设置大气温度与气压值或气象改正值。

（5）设置仪器高、棱镜高。

（6）照准碎部点处的目标棱镜，按坐标测量键，全站仪开始测距并计算显示测点的三维坐标。并对所测碎部点进行编号，同时画草图记录点位间的关系。

3. 数字化成图。

将外业观测的碎部点坐标读入数字化测图系统直接展点，再根据现场绘制的地物属性关系草图在显示屏幕上连线成图，经编辑和注记后成图。

四、注意事项

1. 使用全站仪期间，禁止将望远镜照准太阳，防止损坏仪器。
2. 在画草图记录碎部点位时，全站仪中的点号应与记录簿上的点号一致。

五、上交资料

1. 每人上交全站仪观测记录表、记录草图各一份。
2. 每人上交实训报告一份。

全站仪数字化测图记录表

日期：_____年____月____日　　　天气：_____　　　仪器型号：_____

班组：_____　　观测者：_____　　记录者：_____　　立棱镜者：_____

测站点_____的三维坐标 $X =$ _____ m，$Y =$ _____ m，$H =$ _____ m。

测站点_____至后视点_____的坐标方位角 $\alpha =$ _____。

测站仪器高 $i =$ _____ m，目标棱镜高 = _____ m。

点号	X	Y	Z

实 训 报 告

日期：_____ 班级：_____ 组别：_____ 姓名：_____ 学号：_____

实训题目	全站仪数字化测图	成绩	
实训目的			
主要仪器及工具			
实训场地布置草图			
实训主要步骤			
实训总结			

2.7　施工测量

实训一　圆曲线主点测设

一、目的与要求

1. 学会路线交点转角的测定方法。

2. 掌握圆曲线主点里程的计算方法。

3. 熟悉圆曲线主点的测设过程。

二、仪器与工具

1. 由仪器室借领：经纬仪 1 台，花杆 3 根，木桩 3 个，斧子 1 把，测钎 1 束，皮尺 1 卷，记录板 1 块，测伞 1 把，书包 1 个。

2. 自备：计算器、铅笔、小刀、计算用纸。

三、实训方法与步骤

1. 在平坦地区定出路线导线的三个交点（JD_1、JD_2、JD_3），如图 2 – 3 所示，并在所选点上用木桩标定其位置。导线边长要大于 80m，目估 $\beta_右 < 145°$。

2. 在交点 JD_2 上安置经纬仪，用测回法观测出 $\beta_右$，并计算出转角 $\alpha_右$。

$$\alpha_右 = 180° - \beta_右$$

同时用经纬仪设置 $\beta_右/2$ 的方向线，即 $\beta_右$ 的角平分线。

3. 假定圆曲线半径 $R = 100m$，然后根据 R 和 $\alpha_右$，计算曲线测设元素 L、T、E、D。

4. 计算圆曲线主点的里程（假定 JD_2 的里程为 $K_4 + 306.54$）。计算过程如下：

交点	JD_2	$K_4 + 306.54$
	$-)$	T
圆曲线起点	ZY	里程
	$+)$	L
圆曲线终点	YZ	里程
	$-)$	$L/2$
圆曲线中点	QZ	里程
	$+)$	$D/2$
校核	JD_2	$K_4 + 306.54$

图 2 – 3

5. 设置圆曲线主点。

（1）在 $JD_2 \to JD_1$，方向线上，自 JD_2 量取切线长 T，得圆曲线起点 ZY，插一测钎，作为起点桩。

（2）在 $JD_2 \to JD_3$ 方向线上，自 JD_2 量取切线长 T，得圆曲线终点 YZ，插一测钎，作为

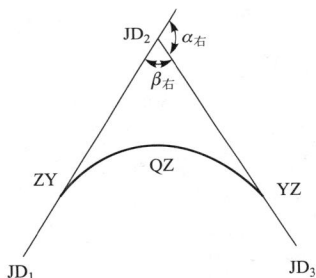

终点桩。

（3）在角平分线上自 JD_2 量取外距 E，得圆曲线中点 QZ，插一测钎，作为中点桩。

6. 站在曲线内侧观察 ZY、QZ、YZ 桩是否有圆曲线的线形，以作为概略检核。

7. 交换工种后再重复（1）、（2）、（3）的步骤，看两次设置的主点位置是否重合。如果不重合，而且差得太大，则需要查找原因，重新测设。如在容许范围内，则点位即可确定。

四、注意事项

1. 为使实训直观便利，克服场地的限制，本次实训限定 $30° < \alpha_右 < 40°$，$R = 100m$。在实训过程中及时填写实训报告。

2. 计算主点里程时要两人独立计算，加强校核，以防算错。

3. 本次实训事项较多，小组人员要紧密配合，保证实训顺利完成。

五、上交资料

1. 每人上交圆曲线主点里程计算表一份，每组上交主点测设草图一张。

2. 每人上交实训报告一份。

实 训 报 告

日期：_____　班级：_____　组别：_____　姓名：_____　学号：_____

实训题目	圆曲线主点测设	成绩	
实训目的			
主要仪器及工具			
交点号		交点桩号	

转角观测结果	盘位	目标	水平度盘读数	半测回右角值	右角	转角
	盘左					
	盘右					

曲线元素	R（半径）=	T（切线长）=	E（外距）=
	α（转角）=	L（曲线长）=	D（切曲差）=

主点桩号	ZY 桩号：	QZ 桩号：	YZ 桩号：

主点测设方法	测 设 草 图	测 设 方 法

实训总结	

实训二　圆曲线详细测设

（Ⅰ）切线支距法

一、目的与要求

1. 学会用切线支距法详细测设圆曲线。
2. 掌握切线支距法测设数据的计算及测设过程。

二、仪器与工具

1. 由仪器室借领：经纬仪1台、皮尺1卷、斧子1把、花杆3根、测钎1束、方向架1个、记录板1块、木桩5个、测伞1把、书包1个。
2. 自备：计算器、铅笔、小刀、记录计算用纸。

三、实训方法与步骤

1. 在实训前首先按照本次实训所给的实例计算出所需测设数据（实例见后），并把计算结果填入实训报告中。

2. 根据所算出的圆曲线主点里程设置圆曲线主点，其设置方法与实训一相同。

3. 将经纬仪置于圆曲线起点（或终点），标定出切线方向，也可以用花杆标定切线方向。

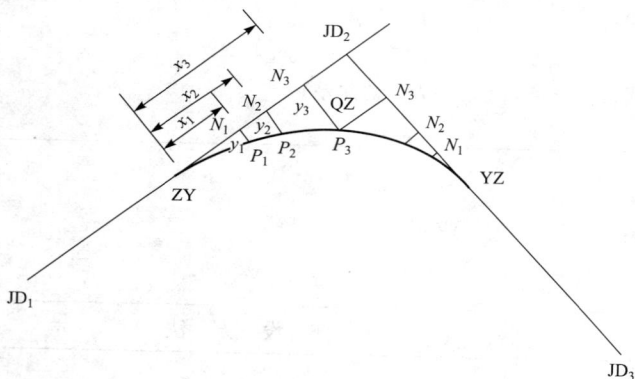

图 2 - 4

4. 根据各里程桩点的横坐标用皮尺从曲线起点（或终点）沿切线方向量取 x_1、x_2、x_3、…得垂足 N_1、N_2、N_3…，并用测钎标记之，如图2-4所示。

5. 在垂足 N_1、N_2、N_3，…各点用方向架标定垂线，并沿此垂线方向分别量出 y_1、y_2、y_3，…即定出曲线上 P_1、P_2、P_3，…各桩点，并用测钎标记其位置。

6. 从曲线的起（终）点分别向曲线中点测设，测设完毕后，用丈量所定各点间弦长来校核其位置是否正确。也可用弦线偏距法进行校核。

7. 绘制测设曲线草图。

四、注意事项

1. 本次实训是在实训一的基础上进行的，所以对实训一中列举的方法及要领要了如指掌。

2. 应在实训前将实例的全部测设数据计算出来，不要在实训中边算边测，以防时间不够或出错（如时间允许，也可不用实例，直接在现场测定右角后进行圆曲线的详细测设）。

五、实例

已知：圆曲线的半径 $R = 100\text{m}$，转角 $\alpha_{右} = 35°30'$，JD_2 的里程为 $K_4 + 306.54$，桩距 $l_0 = 10\text{m}$，按整桩距法设桩，试计算各桩点的坐标 (z, y)，并详细设置此圆曲线。

六、上交资料

每人上交实训报告一份。

实　训　报　告

日期：_____　班级：_____　组别：_____　姓名：_____　学号：_____

实训题目	切线支距法详细测设圆曲线	成绩	
实训目的			
主要仪器及工具			
交点号		交点桩号	

转角观测结果	盘位	目标	水平度盘读数	半测回右角值	右角	转角
	盘左					
	盘右					

曲线元素	R（半径）=　　　　T（切线长）=　　　　E（外距）= 　　α（转角）=　　　　L（曲线长）=　　　　D（切曲差）=

主点桩号	ZY 桩号：　　　　QZ 桩号：　　　　YZ 桩号：

各中桩的测设数据	桩号	曲线长	x	y	备注

测设方法	测 设 草 图	测 设 方 法

实训总结	

（Ⅱ）偏 角 法

一、目的与要求

1. 学会用偏角法详细测设圆曲线。

2. 掌握偏角法测设数据的计算及测设方法。

二、仪器与工具

1. 由仪器室借领：经纬仪 1 台、皮尺 1 卷、斧子 1 把、花杆 3 根、测纤 1 束、记录板 1 块、木桩 5 个、测伞 1 把、书包 1 个。

2. 自备：计算器、铅笔、小刀、计算用纸。

三、实训方法与步骤

1. 在实训前首先按照本次实训所给的实例计算出所需测设数据（实例见后），并把计算结果填入实训报告中。

2. 根据所算出的圆曲线主点里程设置圆曲线主点，其设置方法与实训一相同。

3. 将经纬仪置于圆曲线起点 ZY（A），后视交点 JD_2 得切线方向，水平度盘设置起始读数 $360° - \Delta$。如图 2 – 5 所示。

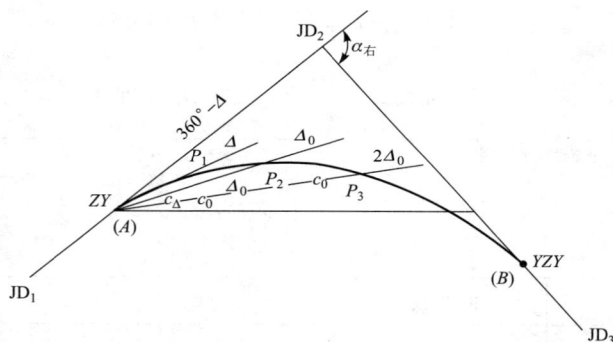

图 2 – 5

4. 转动照准部，使水平度盘读数为 $00°00'00''$（P_1 点的偏角读数），得 AP_1 方向，沿此方向从 A 点量出首段弦长得整桩 P_1，在 P_1 点上插一测钎。

5. 对照所计算的偏角表，转动照准部，使度盘对准整弧段 l_0 的偏角 Δ_0（P_2 点的偏角读数），得 AP_2 方向，从 P_1 点量出整弧段的弦长 c_0 与 AP_2 方向线相交得 P_2 点，在 P_2 点上插一插测钎。

6. 转动照准部，使度盘对准 $2l_0$ 的偏角 $2\Delta_0$（P_3 点的偏角读数），得 AP_3 方向，从 P_2 点量出弦长 c_0 与 AP_3 方向线相交得 P_3，在 P_3 点上插一测钎。

7. 以此类推定出其他各整桩点。

8. 最后应闭合于曲线终点 YZ（B），当转动照准部使度盘对准偏角 $n\Delta_0 + \Delta_B$（终点 B 的偏角读数）得 AB 方向，从 P_n 点量出尾弧段弦长 C_B 与 AB 方向线相交，其交点应为原设的 YZ 点，如两者不重合，其闭合差一般不得超过如下规定，否则应检查原因，进行改正或重测。

半径方向（横向）： $±0.1\text{m}$。

切线方向（纵向）：±（$L/1000$）m，L 为曲线长。

如果将经纬仪置于曲线终点 YZ（B）上，反拨偏角测设圆曲线（即路线为左转角时正拨偏角测设圆曲线），其测设方法与正拨偏角测设方法基本相同。所不同之处就是反拨偏角值等于 360°减去正拨偏角。

9. 绘制测设曲线草图。

四、注意事项

1. 本次实训是在实训一的基础上进行的，故对实训一的方法及要领应了如指掌。

2. 应在实训前将算例的全部测设数据计算出来，不能在实训中边算边测，以防时间不够或出错（如时间允许，也可不用实例，直接测定右角后进行圆曲线的详细测设）。

五、实例

已知：圆曲线的半径 $R = 100$m，转角 $\alpha_{右} = 35°30'00''$，JD_2 的里程为 $K_4 + 306.54$，桩距 $l_0 = 10$m，按整桩号法设桩，试计算各桩点的偏角值，并详细设置此圆曲线。

六、上交资料

每人上交实训报告一份。

实 训 报 告

日期：_____   班级：_____   组别：_____   姓名：_____   学号：_____

实训题目	偏角法详细测设圆曲线		成绩		
实训目的					
主要仪器及工具					
交点号			交点桩号		

转角观测结果	盘位	目标	水平度盘读数	半测回右角值	右角	转角
	盘左					
	盘右					

曲线元素	R（半径）= T（切线长）= E（外距）= α（转角）= L（曲线长）= D（切曲差）=

主点桩号	ZY 桩号： QZ 桩号： YZ 桩号：

各中桩的测设数据	桩号	曲线长	偏角	水平度盘读数	弦长	备注

测设方法	测 设 草 图	测 设 方 法

实训总结	

实训三　带有缓和曲线段的平曲线详细测设

（Ⅰ）切 线 支 距 法

一、目的与要求

1. 学会用切线支距法测设带有缓和曲线段的平曲线。

2. 学会计算曲线测设所需数据。

二、仪器与工具

1. 由仪器室借领：经纬仪 1 台、金属尺或皮尺 1 卷、十字方向架 1 个、花杆 3 根、测钎 2 束、记录板 1 个、工具包 1 个、木桩若干、斧子 1 把、测伞 1 把。

2. 自备：计算器、铅笔、小刀、计算用纸。

三、实训方法与步骤

当时间较紧时，应在实训前按照本次实训所给的实例计算出测设曲线所需的数据，并将计算结果填入实训报告中。

1. 主点测设

（1）选定 JD_1、JD_2、JD_3，使路线转角为 35°30′00″，相邻交点间距不小于 80m。

（2）在 JD_2 安置经纬仪，设置分角线方向。

（3）测设曲线主点：

1）自 JD_2 沿 $JD_2 \to JD_1$ 方向量切线长 T_h 得 ZH 点；

2）自 JD_2 沿 $JD_2 \to JD_3$ 方向量切线长 T_h 得 HZ 点；

3）自 JD_2 沿分角线方向量外距 E_h 得 QZ 点；

4）自 ZH 沿切线向 $ZH \to JD_2$ 量 x_h 得 HY 点对应的垂足位置，在该垂足位置用十字方向架定出垂线方向并沿垂线方向量 y_h 即得 HY 点；

5）由 HZ 沿切线向 $HZ \to JD_2$ 量 x_h 得 YH 点对应的垂足位置，在该垂足位置用十字方向架定出垂线方向，并沿垂线方向量 y_h 即得 YH 点。

2. 详细测设

（1）测设 $ZH \sim HY$ 段

1）如图 2 - 6 所示，自 ZH 点沿切线方向 $ZH \to JD_2$ 量 P_1、P_2、…的坐标 x_1、x_2、…得垂足 N_1、N_2、…，并用测钎标记；

2）依次在 N_1、N_2、…用十字方向架定出垂线方向，分别沿各垂线方向量坐标 y_1、y_2、…即得 P_1、P_2、…桩位，订木桩或用测钎标记。

（2）测设 $HY \sim QZ$ 段

1）如图 2 - 7 所示，自 ZH 点沿切线方向 $ZH \to JD_2$ 量 T_d。该点与 HY 点的连线即为 HY 点的切线方向；

2）自 HY 点沿其切线方向量 P_1、P_2、…的坐标 x_1、x_2、…，得垂足 N_1、N_2、…，并用测钎标记；

3）依次在 N_1、N_2、…用十字方向架定出垂线方向，分别沿各垂线方向量坐标 y_1、y_2、…，即得 P_1、P_2、…桩位，订木桩或用测钎标记。

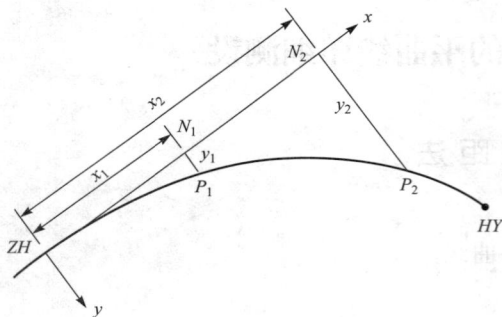

图 2 - 6

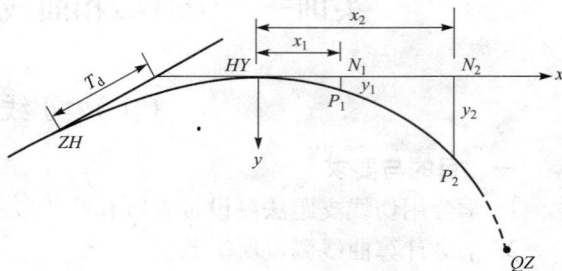

图 2 - 7

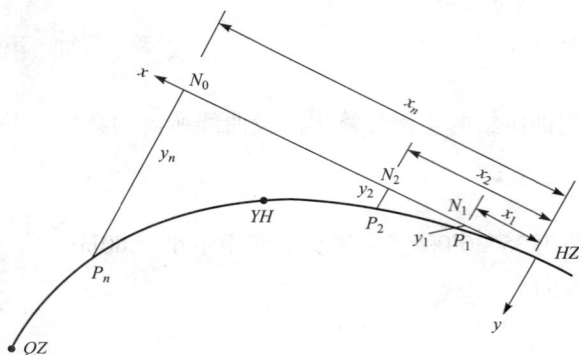

图 2 - 8

（3）测设 $HZ \sim YH$ 段

1）如图 2 - 8 所示，自 HZ 点沿切线方向 $HZ \rightarrow JD_2$ 量 P_1、P_2、…的坐标 x_1、x_2、…得垂足 N_1、N_2、…并用测钎标记；

2）依次在 N_1、N_2、…用十字方向架定出垂线方向，分别沿各垂线方向量坐标 y_1、y_2、…即得 P_1、P_2、…桩位，订木桩或用测钎标记。

（4）测设 $YH \sim QZ$ 段

1）如图 2 - 8 所示，自 HZ 点沿切线方向 $HZ \rightarrow JD_2$ 量 P_n、P_{n+1}、…的坐标 x_n、x_{n+1}、…得垂足 N_n、N_{n+1}、…并用测钎标记；

2）依次在 N_n、N_{n+1}、…用十字方向架定出垂线方向，分别沿各垂线方向量坐标 y_1、y_2、…即得 P_n、P_{n+1}、…桩位，订木桩或用测钎标记。

3. 校核。

目测所测平曲线是否顺适，并测量相邻桩间的弦长进行校核。

4. 绘制测设曲线草图。

四、实例

已知：JD_2 的里程桩号为 $K_0 + 900.35$，转角 $\alpha_{右} = 33°30'$，曲线半径 $R = 100m$，缓和曲线长 $L_s = 35m$（也可以根据实训场地的具体情况改用其他数据）。要求桩距为 10m，用切线支距法详细测设此曲线（将计算结果填入实训报告中）。

五、注意事项

1. 计算测设数据时要细心。曲线元素经复核无误后才可计算主点桩号，主点桩号经复核无误后才可计算各桩的测设数据。各桩的测设数据经复核无误后才可进行测设。

2. 在计算各桩的测设数据 x、y 时，注意不要用错计算公式。

3. 曲线加桩的测设是在主点桩测设的基础上进行的，因此测设主点桩时要十分细心。

4. 在丈量切线长、外距、x、y 时，尺身要水平。

5. 当 y 值较大时，用十字方向架定垂线方向一定要细心，把垂线方向定准确，否则会产生较大的误差。

6. 平曲线的闭合差一般不得超过以下规定：

（1）半径方向，±0.1m；

（2）切线方向，±（$L/1000$），L 为曲线长。

7. 当时间较紧时，应在实训前计算好测设曲线所需的数据，不能在实训中边算边测，以防时间不够或出错（如时间允许，也可不用实例，而在现场直接选定交点，测定转角后进行曲线测设）。

六、上交资料

1. 每组上交测设草图一张。

2. 每人上交实训报告一份。

实 训 报 告

日期：＿＿＿＿　班级：＿＿＿＿　组别：＿＿＿＿　姓名：＿＿＿＿　学号：＿＿＿＿

实训题目	切线支距法测设带有缓和曲线的平曲线	成绩	
实训目的			
主要仪器及工具			
交点号		交点桩号	

转角观测结果	盘位	目标	水平度盘读数	半测回右角值	右角	转角
	盘左					
	盘右					

曲线元素	$R =$　　　　$L_s =$　　　　$X_h =$　　　　$Y_h =$ $\beta_0 =$　　　$p =$　　　　$q =$　　　　$T_d =$ $T_h =$　　　　$L_h =$　　　　$E_h =$　　　　$D_h =$

主点桩号	ZH 桩号：　　　　HY 桩号：　　　　QZ 桩号： YH 桩号：　　　　HZ 桩号：

各中桩的测设数据	测段	桩号	曲线长	x	y	备注
	$ZH \sim HY$					
	$HY \sim QZ$					

续表

各中桩的测设数据	*HZ ~ YH*					
	YH ~ QZ					
测设场地布置图						
实训总结						

（Ⅱ）偏 角 法

一、目的与要求

1. 学会用偏角法测设带有缓和曲线段的平曲线。

2. 学会计算曲线测没所需数据。

二、仪器与工具

1. 由仪器室借领：经纬仪 1 台、金属尺或皮尺 l 卷、花杆 3 根、测钎 2 束、记录板 1 块、工具包 1 个、木桩若干、斧子 1 把、测伞 1 把。

2. 自备：计算器、铅笔、小刀、计算用纸。

三、实训方法与步骤

1. 主点测设。

（1）选定 JD_1、JD_2、JD_3，使路线转角为 35°左右，相邻交点间距不小于 80m。

（2）在 JD_2 安置经纬仪，设置分角线方向。

（3）曲线主点测设。

1）自 JD_2 沿 $JD_2 \rightarrow JD_1$ 方向量切线长 T_h 得 ZH 点。

2）自 JD_2 沿分角线方向量外距 E_h 得 QZ 点。

3）自 JD_2 沿 $JD_2 \rightarrow JD_3$ 方向量切线长 T_h 得 HZ 点。

4）自 ZH 沿切线方向自 $ZH \rightarrow JD_2$ 量 x_h 得 HY 点对应的垂足位置，在该垂足位置用十字方向架定出垂线方向并沿垂线方向量 y_h 即得 HY 点。

5）由 HZ 沿切线方向自 $HZ \rightarrow JD_2$ 量 x_h 得 YH 点对应的垂足位置，在该垂足位置用十字方向架定出垂线方向并沿垂线方向量 y_h 即得 YH 点。

2. 详细测设。

（1）测设 $ZH \sim HY$ 段

1）在 ZH 点安置经纬仪，以 $ZH \rightarrow JD_2$ 方向为起始方向，将该方向的水平度盘读数设置为 $00°00'00''$，如图 2－9 所示。

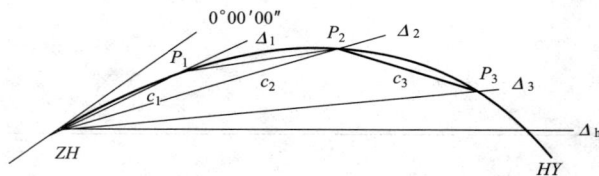

图 2－9

2）拨 P_1 对应的偏角 Δ_1，即转动照准部找到 P_1 对应的水平度盘读数 Δ_1 或 $360° - \Delta_1$，得 $ZH \rightarrow P_1$ 方向，自 ZH 沿此方向量 $ZH \rightarrow P_1$ 对应的弦长得 P_1 桩位，钉木桩或用测钎标记；

3）转动照准部找到 P_2，对应的水平度盘读数 Δ_2 或 $360° - \Delta_2$，得 $ZH \rightarrow P_2$ 方向，自 P_1 点量 $P_1 P_2$ 出对应的弦长与此方向线交会得 P_2 桩位，钉木桩或用测钎标记；

4）按照 3）所述方法测设 $ZH \sim HY$ 段其余各中桩；

5）转动照准部找到 HY 对应的水平度盘读数 Δ_h 或 $360° - \Delta_h$，得 $ZH \rightarrow HY$ 方向，沿此方向量的 c_h 即得 HY 点；

6）丈量 HY 与前一中桩之间的弦长进行校核，若误差超限，则应重测 $ZH \sim HY$ 段。

（2）测设 $HZ \sim YH$ 段：方法与测设 $ZH \sim HY$ 段类似（在 HZ 点安置经纬仪，将 $HZ \rightarrow JD_2$ 方向的水平度盘读数设置为 $00°00'00''$。P_n 方向的水平度盘读数应为 $360° - \Delta_{n_0}$ 或 Δ_n）。

（3）测设 $HY \sim YH$ 段

1）在 HY 点安置经纬仪，以 $HY \rightarrow ZH$ 方向为起始方向，将该方向的水平度盘读数设置为 $180° - \dfrac{2}{3}\beta_0$ 或 $180° + \dfrac{2}{3}\beta_0$，此时，水平度盘读数为 $00°00'00''$ 的方向即为 HY 点的切线方向，如图 $2-10$ 所示；

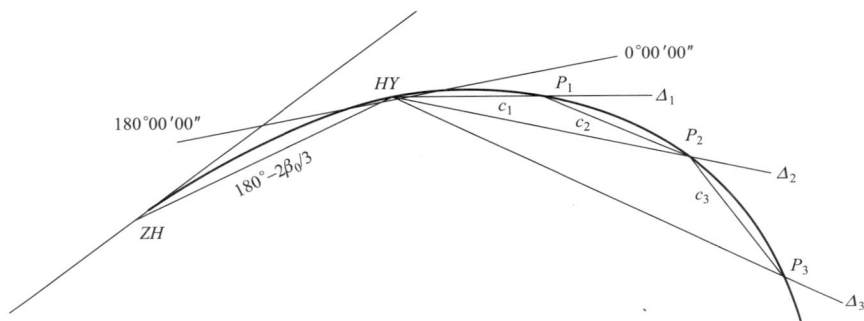

图 $2-10$

2）拨 P_1 对应的偏角 Δ_1，即转动照准部找到 P_1 对应的水平度盘读数 $360° - \Delta_1$ 或 Δ_1。得 $HY \rightarrow P_1$ 方向，自 HY 沿此方向量 $HY \rightarrow P_1$ 对应的弦长得 P_1，订木桩或用测钎标记；

3）转动照准部找到 P_2 对应的水平度盘读数 Δ_2 或 $360° - \Delta_2$，得 $HY \rightarrow P_2$ 方向，自 P_1 点量 P_1P_2 对应的弦长与此方向交会得 P_2，钉木桩或用测钎标记；

4）按 3）所述方法测设 $HY \sim QZ$ 段其余各桩并测出 QZ，与用主点测设方法测出的 QZ 位置比较，若误差超限，应重测 $HY \sim QZ$ 段；

5）继续按 3）所述办法测设至 YH 点，并与已测出的 YH 位置比较，若误差超限，应重测 $QZ \sim HY$ 段。

3. 校核。目测所测平曲线是否顺适，并丈量弦长进行校核。

4. 绘制测设曲线草图。

四、实例

已知：JD_2 的里程桩号为 $K_0 + 900.35$，转角 $\alpha_{右} = 33°30'$，曲线半径 $R = 100\text{m}$，缓和曲线长 $L_s = 35\text{m}$（也可以根据实训场地的具体情况改用其他数据）。要求桩距为 10m，用偏角法详细测设此曲线（将计算结果填入实训报告中）。

五、注意事项

1. 计算测设数据时要细心。曲线元素经复核无误后才可计算主点桩号，主点桩号经复核无误后才可计算各桩的测设数据。各桩的测设数据经复核无误后才可进行测设。

2. 曲线加桩的测设是在主点桩测设的基础上进行的，因此测设主点桩时要十分细心。

3. 在丈量切线长、外距、弦长时，尺身要水平。

4. 设置起始方向的水平度盘读数要细心。

5. 平曲线的闭合差一般不得超过一下规定：

半径方向，±0.1m；

切线方向，±（$L/1000$），L 为曲线长。

6. 当时间较紧时，应在实训前计算好测设曲线所需的数据，不能在实训中边算边测，以防时间不够或出错（如时间允许，也可不用实例，而在现场直接选定交点，测定转角后进行曲线测设）。

六、上交资料

1. 每组上交测设草图一张。

2. 每人上交实训报告一份。

实　训　报　告

日期：_____　班级：_____　组别：_____　姓名：_____　学号：_____

<table>
<tr><td>实训题目</td><td colspan="4">偏角法测设带有缓和曲线的平曲线</td><td>成绩</td><td></td></tr>
<tr><td>实训目的</td><td colspan="6"></td></tr>
<tr><td>主要仪器及工具</td><td colspan="6"></td></tr>
<tr><td>交点号</td><td colspan="3"></td><td>交点桩号</td><td colspan="2"></td></tr>
</table>

<table>
<tr><td rowspan="3">转角观测结果</td><td>盘位</td><td>目标</td><td>水平度盘读数</td><td>半测回右角值</td><td>右角</td><td>转角</td></tr>
<tr><td>盘左</td><td></td><td></td><td></td><td></td><td></td></tr>
<tr><td>盘右</td><td></td><td></td><td></td><td></td><td></td></tr>
</table>

曲线元素

$R =$　　　$L_s =$　　　$\beta_0 =$　　　$p =$　　　$q =$

$T_d =$　　　$T_h =$　　　$L_h =$　　　$E_h =$　　　$D_h =$

主点桩号

ZH 桩号：　　　　HY 桩号：　　　　QZ 桩号：

YH 桩号：　　　　HZ 桩号：

<table>
<tr><td rowspan="7">各中桩的测设数据</td><td>测段</td><td>桩号</td><td>曲线长</td><td>偏角</td><td>水平度盘读数</td><td>弦长</td><td>备　注</td></tr>
<tr><td rowspan="6">$ZH \sim HY$</td><td></td><td></td><td></td><td></td><td></td><td rowspan="6">测站点：ZH
起始方向：$ZH \rightarrow$ JD
起始方向的水平度盘
读数：$0°00'00''$</td></tr>
<tr><td></td><td></td><td></td><td></td><td></td></tr>
<tr><td></td><td></td><td></td><td></td><td></td></tr>
<tr><td></td><td></td><td></td><td></td><td></td></tr>
<tr><td></td><td></td><td></td><td></td><td></td></tr>
<tr><td></td><td></td><td></td><td></td><td></td></tr>
</table>

	测段	桩号	曲线长	偏角	水平度盘读数	弦长	备　注
各中桩的测设数据	$HZ \sim YH$						测站点：HZ 起始方向 $HZ \rightarrow JD$ 起始方向的水平度盘 读数：$0°00'00''$
	$ZH \sim HY$						测站点：HY 起始方向 $HY \rightarrow ZH$ 起始方向的水平度盘 读数：$180° - \dfrac{2}{3}\beta_0$
测设场地布置图							
实训总结							

实训四　中平测量（水准仪）

一、目的与要求

1. 熟悉中平测量的方法。

2. 学会中平测量的记录及成果计算。

二、仪器与工具

1. 由仪器室借领：水准仪 1 台、水准尺 2 根、尺垫 2 个、记录板 1 块、工具包 1 个、测伞 1 把、金属尺 1 卷、测钎若干、花杆 3 根、木桩若干。

2. 自备：计算器、铅笔、小刀、计算用纸。

三、实训方法与步骤

1. 选择长约 500m 的起伏路段，在路段起终点附近分别选定一个水准点 BM$_1$、BM$_2$，假定水准点 BM$_1$ 的高程，用基平测量的方法测定两水准点间的高差并计算 BM$_2$ 的高程（此项工作可利用相关实训的成果或在实训前由教师组织部分学生进行）。

2. 按 20m 的桩距设置中桩，在桩位处钉木桩或插测钎，并标注桩号（若时间较紧，此项工作也可在实训前由教师组织部分学生进行）。

3. 在测段始点附近的水准点 BM$_1$ 上竖立水准尺，统筹考虑整个测设过程，选定前视转点 ZD$_1$ 并竖立水准尺。

4. 如图 2 - 11 所示，在距 BM$_1$、ZD$_1$ 大致等远的地方安置水准仪，先读取后视点 BM$_1$ 上水准尺的读数并记入后视栏；再读取前视点 ZD$_1$ 上水准尺的读数，将此读数暂记入备注栏中适当的位置以防忘记；依次在本站各中桩处的地面上竖立水准尺并读取读数（可读至 cm），将各读数记入中视栏；最后记录前视点 ZD$_1$ 并将 ZD$_1$ 的读数记入前视栏。

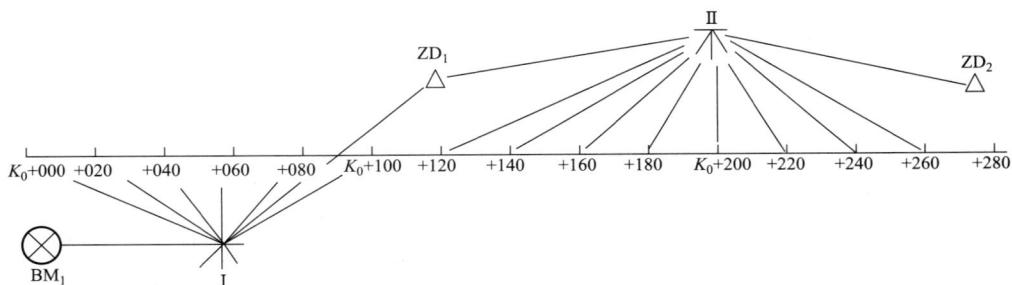

图 2 - 11

5. 选定 ZD$_2$ 并竖立水准尺，在距 ZD$_1$、ZD$_2$ 大致等远的地方安置水准仪，先读取后视点 ZD$_1$ 上水准尺的读数并记入后视栏；再读取前视点 ZD$_2$ 上水准尺的读数，将此读数暂记入备注栏中适当的位置以防忘记；依次在本站各中桩处的地面上竖立水准尺并读取读数（一般可读至 cm），将各读数记入中视栏；最后记录前视点 ZD$_2$ 并将 ZD$_2$ 的读数记入前视栏。

6. 用上法观测所有中桩并测至路段终点附近的水准点 BM$_2$。

7. 计算中平测量测出的两水准点间的高差，并与两水准点间的已知高差进行符合，看是否满足精度要求：$h_{中} = \sum$ 后视读数 - $\sum$ 前视读数

8. 计算各中桩的地面高程。

$$视线高程 = 后视点高程 + 后视读数$$
$$前视点高程 = 视线高程 - 前视读数$$
$$中桩地面高程 = 视线高程 - 中视读数$$

四、注意事项

1. 在各中桩处立尺时，水准尺不能放在桩顶，而应紧靠木桩放在地面上。

2. 转点应选在坚实、凸起的地点或稳固的桩顶，当选在一般的地面上时应放置尺垫。

3. 前后视读数须读至 mm，中视读数一般可读至 cm。

4. 转点和测站点的选择要统筹考虑，不能顾此失彼。

5. 视线长一般不宜大于 100m。

6. 中平与基平符合时，容许闭合差 $f_{h容} = \pm 50 \sqrt{L}$（mm），L 为两水准点间的水准路线长度（以 km 为单位）。

五、上交资料

1. 每人上交中平测量记录表一份。

2. 每人上交实训报告一份。

中 平 测 量 记 录 表

日期：＿＿＿年＿＿＿月＿＿＿日　班级：＿＿＿＿＿＿　组别：＿＿＿＿＿＿　姓名：＿＿＿＿＿＿　学号：＿＿＿＿＿＿

测点	水准尺读数/m			视线高程/m	高程/m	备注
	后视	中视	前视			
Σ						
校核	$h_{中} = \sum a - \sum b =$　　　　$\Delta_{容} = +50\sqrt{L}\ \mathrm{mm}$			$h_{基} = H_{BM_2} - H_{BM_1} =$　　　　$\Delta = h_{中} - h_{基} =$		

实 训 报 告

日期：_____　班级：_____　组别：_____　姓名：_____　学号：_____

实训题目	中平测量	成绩	
实训目的			
主要仪器及工具			
实训场地布置草图			
实训主要步骤			
实训总结			

实训五　横断面测量

（Ⅰ）标杆皮尺法（抬杆法）

一、目的与要求

1. 熟悉抬杆法进行横断面测量的方法。

2. 学会横断面测量的数据记录。

二、仪器与工具

1. 由仪器室借领：花杆 2 根，30m 皮尺 1 把。

2. 自备：铅笔、小刀。

三、实训方法与步骤

1. 沿横断面方向，自中桩向左（由近到远）据地面情况选定变坡点 1、2、3、……（图 2 – 12）。

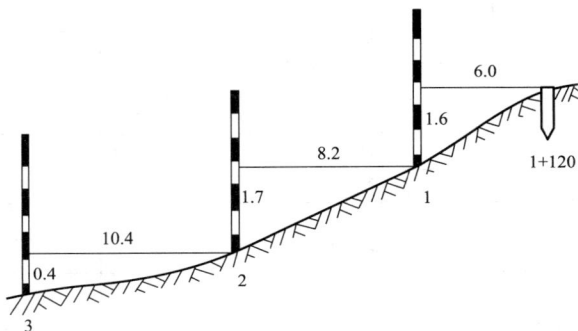

图 2 – 12

2. 将花杆立于 1 点上，皮尺靠在中桩地面拉平，量出中桩点至 1 点的水平距离。

3. 读取皮尺截于花杆的红白格数（通常每格为 0.2m），即得两点间高差。

4. 测量员报出测量结果。报法如下：6m 低 1.6m，记录为 $\dfrac{-1.6}{6}$，依次测出 1 点与 2 点，2 点与 3 点……的距离与高差。

5. 依次测量其他各桩号，测量方法同上述第 2、3、4 步。

四、注意事项

1. 距离和高差准确到 0.1m 即可。

2. 花杆应立竖直，皮尺应拉水平。

五、上交资料

1. 每人上交抬杆法横断面测量记录表一份。

2. 每人上交实训报告一份。

抬杆法横断面测量记录表

日期：___年___月___日　班级：_____　组别：_____　姓名：_____　学号：_____

左　侧				里程桩号	右　侧			
___	___	___	___		___	___	___	___
___	___	___	___		___	___	___	___
___	___	___	___		___	___	___	___
___	___	___	___		___	___	___	___
___	___	___	___		___	___	___	___
___	___	___	___		___	___	___	___
___	___	___	___		___	___	___	___
___	___	___	___		___	___	___	___
___	___	___	___		___	___	___	___
___	___	___	___		___	___	___	___
___	___	___	___		___	___	___	___
___	___	___	___		___	___	___	___
___	___	___	___		___	___	___	___
___	___	___	___		___	___	___	___
___	___	___	___		___	___	___	___
___	___	___	___		___	___	___	___
___	___	___	___		___	___	___	___

实 训 报 告

日期：_____　班级：_____　组别：_____　姓名：_____　学号：_____

实训题目	抬杆法横断面测量	成绩	
实训目的			
主要仪器及工具			
实训场地布置草图			
实训主要步骤			
实训总结			

（Ⅱ）水准仪皮尺法

一、目的与要求

1. 熟悉水准仪皮尺法进行横断面测量的方法。

2. 学会横断面测量的数据记录。

二、仪器与工具

1. 由仪器室借领：DS_3 水准仪 1 台、30m 皮尺 1 把、水准尺 2 把。

2. 自备：记录簿、计算器、铅笔、小刀、计算用纸。

三、实训方法与步骤

1. 沿横断面方向，据地面情况选定变坡点（图 2 – 13）。

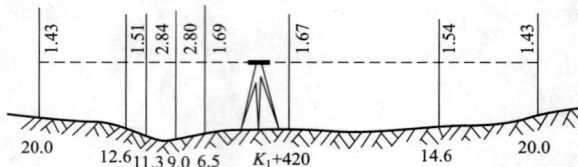

图 2 – 13

2. 安置水准仪，要求其所在位置能看到所有变坡点及中桩。

3. 瞄准后视点（中桩点）读取后视读数（准确到 cm）。

4. 在横断面方向的变坡点上立尺并进行前视读数（准确到 cm），同时用皮尺量出个变坡点到中桩的距离（精确到 dm）。

四、注意事项

1. 在各中桩处立尺时，水准尺不能放在桩顶，而应紧靠木桩放在地面上。

2. 视线长一般不宜大于 100m。

3. 皮尺应拉水平。

五、上交资料

1. 每人上交水准仪皮尺法横断面测量记录表一份。

2. 每人上交实训报告一份。

水准仪皮尺法横断面测量记录表

日期：＿＿年＿＿月＿＿日　班级：＿＿＿＿＿＿　组别：＿＿＿＿＿＿　姓名：＿＿＿＿＿＿　学号：＿＿＿＿＿＿

桩号	各变坡点之中桩点的水平距离/m		后视读数	前视读数	各变坡点与中桩点的高差	备注
	左侧					
	右侧					
	左侧					
	右侧					
	左侧					
	右侧					
	左侧					
	右侧					
	左侧					
	右侧					

实 训 报 告

日期:_____　班级:_____　组别:_____　姓名:_____　学号:_____

实训题目	水准仪皮尺法横断面测量	成绩	
实训目的			
主要仪器及工具			
实训场地布置草图			
实训主要步骤			
实训总结			

实训六　极坐标法测设点的平面位置

一、目的与要求

1. 掌握用经纬仪、金属尺按极坐标法放样平面点位的过程。

2. 熟悉用全站仪安极坐标放样平面点位的施测过程。

二、仪器与工具

1. 由仪器室借领：DJ_6 经纬仪 1 台、50m 金属尺 1 把、全站仪 1 台、对中杆 1 个、斧子 1 把、木桩若干。

2. 自备：计算器、铅笔、小刀、计算用纸。

三、实训方法与步骤 （图 2 - 14）

（一）经纬仪金属尺放样点位

1. 在实训场地事先布设一定数量的控制点（保证每小组有一个控制点）。

2. 各组选择一个控制点和定向点（假如为 A、B 点）。

3. 各小组拟定一放样点 P（x，y），该点与测站点距离最好不超过 50m。

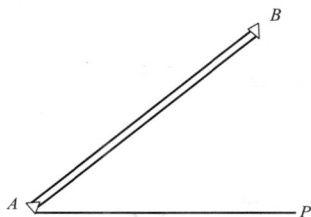

图 2 - 14

4. 反算 AB、AP 边坐标方位角 α_{AB}，α_{AP} 及 D_{AP}。

5. 计算放样角度 $\beta = \arctan \dfrac{y_P - y_A}{x_P - x_A} - \arctan \dfrac{y_B - y_A}{x_B - x_A}$。

6. 计算放样距离 $D_{AP} = \sqrt{(y_P - y_A)^2 - (x_P - x_A)^2}$。

7. 将经纬仪架设在 A 点，瞄准定向点 B，将水平度盘调到 $00°00'00''$，若 β 大于 $0°$，正拨水平角度 β，得到 AP 方向，反之反拨角 β 值（逆时针）在此方向上量取水平距离 D_{AP} 即可得到 P 点点位。

（二）用全站仪按坐标放样

在选择全站仪的坐标放样功能以后，该程序操作的前 5 步与坐标测量相同，其后续步骤详见如下所述。

1. 输入放样点坐标。

2. 进入放样准备状态，转动全站仪的照准部使 d_{HA} 变为 $00°00'00''$，然后沿此方向立对中杆，使棱镜的中心正对仪器，按一下测距键，根据仪器显示的距离差值 d_{HD}，沿此方向前后移动对中杆使变 d_{HD} 为零。该点的所在的位置即为待放样点的点位。

四、注意事项

1. 在用经纬仪与金属尺放样时，应注意经纬仪的视准差 C 值的大小；如精确放样，应采用整倒镜分中法给出方向，而水平距离应考虑三项改正即换算成放样距离。

2. 全站仪放样点位时，有的全站仪可以事先将点的坐标置于仪器内存中，但在调出这些数据时一定要认真检查，放样完后可以按坐标测量的方法进行检测。

五、上交资料

1. 每人上交用极坐标法放样平面点位记录表一份。

2. 每人上交实训报告一份。

用极坐标法放样平面点位记录

日期：＿＿年＿＿月＿＿日　班级：＿＿＿＿＿＿　组别：＿＿＿＿＿＿　姓名：＿＿＿＿＿＿　学号：＿＿＿＿＿＿

点号	方位角 （° ′ ″）	放样角度 （° ′ ″）	放样距离 /m	坐标/m	
				x	y

实 训 报 告

日期：_____　班级：_____　组别：_____　姓名：_____　学号：_____

实训题目	用极坐标法放样平面点位	成绩	
实训目的			
主要仪器及工具			
实训场地布置草图			
实训主要步骤			
计算过程			
实训总结			

第3章 工程测量综合实训

3.1 测量综合实训目的、要求和目标

一、测量综合实训目的

1. 通过测量综合实训，使学生巩固《工程测量》理论知识，进一步强化操作技能的训练，提高常规测量仪器操作水平和测量技术综合应用能力。
2. 系统地掌握公路中线测量的技术步骤和方法。
3. 培养学生规范记录、计算和检核的良好习惯。
4. 培养学生吃苦耐劳、艰苦奋斗的精神，建立良好的职业素养。

二、测量综合实训要求

1. 实行实训小组工作制度，一切行动听从实训指导教师和实训组长的安排。
2. 严格遵守综合实训计划和安排，按期完成指定实训内容，按要求上交实习成果，不得拖延。
3. 爱护仪器设备，文明操作，严禁私自维修、检校，严禁私自更换仪器，如有损坏或遗失，应写出书面报告说明情况，并按学校有关规定给予赔偿。
4. 测量实训按照测量规范进行实施，必须有原始记录手簿，数据真实可靠，严禁编造、涂改数据，测量成果应合格、系统、完整、清晰、规范、有序，保证实习质量。
5. 学生必须坚持每天做测量综合实训日记。

三、测量综合实训目的

1. 会使用常规测量仪器和工具，并能进行检验和校正，要求在所规定范围内完成水准仪、经纬仪、全站仪的技术操作。
2. 会独立组织与实施导线测量、三（四）等水准测量和普通水准测量，观测值和成果均符合精度要求。
3. 会测绘大比例尺地形图。
4. 会公路路线的选线测量、中桩坐标计算和中线放样。
5. 会纵、横断面测量，并能绘制纵、横断面图。

3.2 测量综合实训仪器配备

测量综合实训所用测量仪器由学校统一运送到实习基地，由仪器室老师统一管理。学生以小组为单位领取仪器工具，由组长负责组织协调工作，凭借学生证到基地仪器室办理借领手续，在实训过程中除全站仪外的所有仪器工具由学生自行保管使用，实训结束后到仪器室

办理归还手续。每个实训小组借领的仪器和工具详见如下所述。

表 3 – 1 　测 量 实 训 仪 器 工 具

仪器名称	数　量	仪器名称	数　量
DJ$_6$经纬仪	1	双面尺	2
水准仪	1	尺垫	2
小平板	1	金属尺	1
经纬仪脚架	1	皮尺	1
水准仪脚架	1	花杆	2
小平板脚架	1	测钎	2
塔尺	2	量角器	2

GPS 接收机、全站仪、电子经纬仪、自动安平水准仪等精密仪器由测量仪器室统一管理，根据实训进度和需要进行发放。

3.3　测量综合实训任务书

一、综合实训准备（2 天）

1. 打扫驻地环境卫生

学生进入测量实训基地以后，由老师统一安排宿舍和教室，组织学生进行卫生扫除，并对师生宿舍、食堂等地进行消毒，确保实训基地安全、卫生、整洁。

2. 实训纪律教育

学生住宿和卫生打扫结束后，由实习队组织所有实训学生进行实训纪律教育，统一安排各班的实训指导老师，学习综合实训计划，重点强调测量实训的主要内容、进度安排、实训纪律和考核办法等内容。

3. 测量仪器的借领、检校和培训

实训小组由组长负责到测量仪器室借领取仪器和工具，并办理借领手续，并且及时对经纬仪和水准仪进行检验，确保仪器可以使用；同时由各班实训指导老师组织学生进行仪器的培训和指导。

二、控制测量（7 天）

控制测量包括平面控制测量和高程控制测量，由老师统一提供已知点坐标和高程数据，要求学生完成踏勘选点、埋石、角度测量、距离测量、高程测量，并进行内业数据处理，要求每组上交平面控制测量和高程控制测量成果。

三、大比例尺地形图测绘（7 天）

在控制测量的基础上，要求学生完成坐标格网绘制、展绘控制点，采用经纬仪测绘法测绘测区的大比例尺带状地形图，并进行检查和整饰。

四、道路中线测量（6 天）

由于学生所测地形图精度较低，选线测量是在控制导线的基础上，采用全站仪测设交点桩。进行路线右角、转角和相邻交点间距测算。参考《公路工程技术标准》，根据现场地形确定道路中线的平面线形（圆曲线和缓和曲线），进行曲线测设元素计算、道路中线中桩里程计算、道路中线逐桩坐标计算并采用经纬仪或全站仪进行道路中桩测设。

五、路线纵、横断面测量（2 天）

在中线测量的基础进行纵、横断面测量并绘制纵、横断面图。

六、仪器实践操作考核（3 天）

在所有实训项目结束后，对每一位同学要进行水准仪、经纬仪和全站仪的操作考核，作为最终个人实训成绩评定的依据。

七、资料整理装订

测量综合实训结束前，将学生所有的实训成果，按顺序装订成册，评定完成绩后由实训科统一保存。

3.4 测量综合实训指导书

一、控制测量（平面控制测量和高程控制测量）

控制测量是指在整个测区范围内，选定若干个具有控制作用的点（称为控制点），设想用直线连接相邻的控制点，组成一定的几何图形（称为控制网），使用测量仪器和工具，进行外业测量获得相应的外业资料，对外业观测资料和已知数据进行数据处理，确定控制点的平面位置和高程的工作，作为其统一全测区的测量工作。控制测量分为平面控制测量和高程控制测量。平面控制测量按照控制点之间组成（几何图形分为导线测量）和三角测量；高程控制测量根据采用测量方法分为水准测量和三角高程测量。

1. 平面控制测量

平面控制测量主要测定每一个控制点平面位置（平面坐标 x、y），测量实训采用导线测量，已知点坐标由老师提供，学生完成踏勘选点与埋石、角度测量、距离测量并进行导线内业数据处理。

（1）踏勘选点与埋石。结合测区实际条件，选定路线导线，要求总长不小于 1.5km，导线点数不少于 12 个（实训要求）。导线应满足以下要求。

1）导线点应选在地势较高、视野开阔的地点，便于施测周围地形。

2）相邻两导线点间要互相通视，便于测量水平角。

3）导线应沿着平坦、土质坚实的地面设置，便于丈量距离。

4）选择的导线边长要大致相等，相邻边长不应悬殊过大。

5）导线点位置须能安置仪器，便于保存。

6）导线点应尽量靠近路线位置，距路中心的位置宜大于 50m 且小于 100m。

7）在桥梁和隧道处，应考虑桥隧控制网的要求，在桥梁或隧道两侧应分别布设至少两个平面控制点。

导线点位置选好后要在地面上标定下来，一般方法是打一木桩并在桩顶中心钉一小铁钉。为了便于测量和使用管理，导线点要统一编制导线点一览表，并绘制导线路线草图和点之记。

（2）角度测量。导线的转折角有左角和右角之分，以导线为界，按编号顺序方向前进，在前进方向左侧的角称为左角；在前进方向右测的角称为右角。在闭合导线中，一般均测其内角，闭合导线若按逆时针方向编号，其内角均为左角；反之均为右角。在附合导线中，可测其左角亦可测其右角（在公路测量中一般测右角），但全线要统一。角度测量采用测绘法，每个角测两个测回。

测绘法的观测步骤：

1）安置仪器，竖立观测目标；

2）盘左观测（上半测回），盘左瞄准左边 A，读取 $a_左$，顺时针旋转瞄准右边 B，读取 $b_左$。则上半测回角值 $\beta_左 = b_左 - a_左$；

3）盘右观测（下半测回），倒镜成盘右，逆时针瞄准右边 B，读取 $b_右$，逆时针旋转瞄准左边 A，读取 $a_右$；则下半测回角值 $\beta_右 = b_右 - a_右$；

4）记录与计算，$\beta = (\beta_左 + \beta_右)/2$　要求 $\beta_左 - \beta_右 \leq \pm 40''$。

表 3-2　　　　　　　　　　　　　　　水平角观测记录手簿

测站	盘位	目标	水平度盘读数 （°′″）	半测回角值 （°′″）	一测回角值 （°′″）	各测回平均值 （°′″）
o	左	A	0　06　24	111　39　54	111　39　51	111　39　52
		B	111　46　18			
	右	A	180　06　48	111　39　48		
		B	291　46　36			
o	左	A	90　06　18	111　39　48	111　39　54	
		B	201　46　06			
	右	A	270　06　30	111　40　00		
		B	21　46　30			

（3）距离测量。导线边采用普通金属尺丈量导线边长或用测距仪（全站仪）进行导线边长测量。测量实训要求距离测量进行往返测，相对误差满足要求。记录计算格式见表 3-3。

表 3-3　　　　　　　　　　　　　　　距 离 测 量 记 录 手 簿

导线边	往测距离	返测距离	距离平均值	相对误差 K
$D_1 D_2$	185.239	185.248	185.244	1/205 82
$D_2 D_3$	102.945	102.941	102.943	1/257 35

（4）附合导线内业数据处理。

1）闭合导线的近似平差计算。

① 角度闭合差的计算与调整：

闭合导线，$f_\beta = \sum \beta_测 - \sum \beta_理 = \sum \beta_测 - (n-2) \times 180°$

附合导线，$f_\beta = \alpha_{AB} - \alpha_{CD} \pm \beta_i \mp n \cdot 180°$

角度闭合差容许值：$f_{\beta_容} = \pm 40\sqrt{n}$

② 角度闭合差的调整：

如果 $f_\beta > f_{\beta_容}$，角度闭合差超限，必须返工重测。若 $f_\beta \leqslant f_{\beta_容}$，角度闭合差精度满足要求即可进行角度闭合差的调整，调整方法如下。

闭合导线：$V_{\beta_i} = -\dfrac{f_\beta}{n}$

附合导线：左角 $V_{\beta_i} = -\dfrac{f_\beta}{n}$，右角 $V_{\beta_i} = -\dfrac{f_\beta}{n}$

改正后角值：$\beta = \beta_测 + V_\beta$

2）导线边坐标方位角推算。

左角：$\alpha_前 = \alpha_后 + \beta_左 - 180°$

右角：$\alpha_前 = \alpha_后 - \beta_右 + 180°$

3）坐标增量的计算。

$$\begin{cases} \Delta X_{ij} = D_{ij} \cdot \cos \alpha_{ij} \\ \Delta Y_{ij} = D_{ij} \cdot \sin \alpha_{ij} \end{cases}$$

4）坐标增量闭合差的计算与调整。

闭合导线：$\begin{aligned} f_x &= \sum \Delta X_{ij_测} \\ f_y &= \sum \Delta Y_{ij_测} \end{aligned}$

附合导线：$\begin{aligned} f_x &= \sum \Delta X_{ij_测} - (x_终 - x_始) \\ f_y &= \sum \Delta Y_{ij_测} - (y_终 - y_始) \end{aligned}$

导线全长闭合差：$f_D = \sqrt{f_x^2 + f_y^2}$

导线全长相对闭合差：$K = \dfrac{f_D}{\sum D} = \dfrac{1}{\sum D/f_D}$

若 $K \leqslant K_容$，则表明导线的精度符合要求；否则，应查明原因进行补测或重测。

$$v_{\Delta x_{ij}} = -\frac{f_x}{\sum D} D_{ij}$$

$$v_{\Delta y_{ij}} = -\frac{f_y}{\sum D} D_{ij}$$

$$\Delta X_{ij} = \Delta X_{ij_测} + V_{\Delta X_{ij}}$$

$$\Delta Y_{ij} = \Delta Y_{ij_测} + V_{\Delta Y_{ij}}$$

5）导线点坐标计算：

$$\left.\begin{array}{l}X_j = X_i + \Delta X_{ij} \\ Y_j = Y_i + \Delta Y_{ij}\end{array}\right\}$$

2. 高程控制测量

在地形图测绘和施工测量中，高程控制测量多采用三、四等水准测量，测量综合实训采用四等水准测量，将导线点作为水准点，要求测算出各导线点高程。

（1）四等水准测量技术指标（表 3 - 4）。

表 3 - 4　　　　　　　　　　　　四等水准测量技术指标

等级	水准仪型号	视线长度/m	前后视距较差/m	前后视距累计差/m	视线离地面最低高度/m	黑、红面度数差/mm	黑红面高差之差/mm
四等	DS_3	100	5	10	0.2	3.0	5.0

（2）四等水准测量的方法和步骤。水准路线可布设成闭合水准路线或附合水准路线，四等水准测量采用往返测，当两端点为高级点或自成闭合环时，可只进行单程测量。

四等水准测量一般采用双面尺法进行观测，测站观测程序为"后 - 后 - 前 - 前"或称为"黑 - 红 - 黑 - 红"，具体观测、记录计算和检核方法见第 2 章测量实训三。

（3）高程控制测量近似平差计算

1）高差闭合差计算和容许值计算

① 高差闭合差计算

闭合水准路线：$f_h = \sum h_{测} - \sum h_{理} = \sum h_{测}$

附合水准路线：$f_h = \sum h_{测} - \sum h_{理} = \sum h_{测} - (H_{终} - H_{始})$

② 高差闭合差容许值

山区：$f_{h_容} = \pm 20\sqrt{L}$

平原微丘区：$f_{h_容} = \pm 6\sqrt{n}$

如果即 $f_h \leqslant f_{h_容}$，外业观测成果合格，即可进行高差闭合差调整。否则必须进行重测。

2）高差闭合差的调整。高差闭合差调整原则；将高差闭合差 f_h 按与距离 L 或测站数 n 成正比号分配到各段观测高差上。

按测站数调整高差闭合差：$v_i = -\dfrac{f_h}{\sum n} \times n_i = v_{每站} \times n_i$

按测段长度调整高差闭合差：$v_i = -\dfrac{f_h}{\sum L} \times L_i = v_{每公里} \times L_i$

3）计算改正后高差：$h'_i = h_i + v_i$

4）计算各待定点高程。

3. 普通水准测量的方法和步骤

（1）水准路线可布设成闭合或附合水准路线。

（2）每一测站读取水准尺后视中丝读数和前视中丝读数。

（3）外业记录、计算和校核。

4. 高程测量近似平差计算

（1）高差闭合差计算和容许值计算

1）高差闭合差。

① 闭合水准路线：$f_h = \sum h_测 - \sum h_理 = \sum h_测$。

② 附合水准路线：$f_h = \sum h_测 - \sum h_理 = \sum h_测 - (H_终 - H_始)$。

2）高差闭合差容许值。

① 四等水准路线：$f_{h容} = \pm 20\sqrt{L}$。

② 普通水准测量：$f_{h容} = \pm 12\sqrt{n}$。

如果水准路线的高差闭合差 f_h 小于或等于其容许的高差闭合差 $f_{h容}$，即 $f_h \leqslant f_{h容}$，就认为外业观测成果合格，否则须进行重测。

（2）高差闭合差调整值计算。按与距离 L 或测站数 n 成正比，将高差闭合差 f_h 反号分配到各段高差上。

1）按测站数调整高差闭合差：

$$v_i = -\frac{f_h}{\sum n} \times n_i = v_{每站} \times n_i$$

2）按测段长度调整高差闭合差：

$$v_i = -\frac{f_h}{\sum L} \times L_i = v_{每公里} \times L_i$$

5. 计算改正后高差

$$h_i' = h_i + v_i$$

6. 计算各待定点高程

7. 水准测量成果计算算例（略）

二、大比例尺地形图测绘

1. 测图准备工作

（1）绘制坐标格网。地形图测绘采用聚酯薄膜作为绘图图纸，测图比例尺为 1:2000，图幅尺寸一般采用 50cm×50cm，采用直尺对角线法绘制坐标格网。坐标格网的绘制步骤和精度要求详见如下所述。

1）绘制步骤：

① 在图纸上，用铅笔轻轻地绘制两条对角线，两线交点为 M；

② 由交点 M 以适当长度（可按图幅尺寸估计）在对角线上截取等距的 A、B、C、D 四点；

③ 用直线连接 A、B、C、D 四点得到一个矩形；

④ 从 A、D 两点起各沿 AB、DC 方向，每隔 10cm 准确地定一点；从 A、B 两点起沿 AD、BC 方向每隔 10cm 准确地定一点。连接对边的对应点，即可绘出坐标格网。

2）精度要求：

① 对角线放置交点偏离值不应大于 0.2mm；

② 对角线长误差和图廓边长误差应不大于 0.3mm；

③ 格网线粗细及刺孔直径不大于 0.1mm；

（2）展绘控制点。采用直尺或坐标展点仪展绘控制点，在控制点右侧画一短横线，上方注明点号，下方注明点的高程，要求相邻控制点间距最大误差在图纸上不应超过 0.3mm。

2. 碎部测量

碎部测量采用经纬仪测绘法，要求测量导线左右 100m 的带状地形图，经纬仪测绘法测站观测工作详见如下所述。

（1）观测者。在测站点 A 安置经纬仪，量取仪器高，将望远镜瞄准另一已知点 B 作为起始方向（此时水平度盘读数设置为 0°00′00″），然后松开照准部，用望远镜瞄准立尺员在地形点所立的视距尺，并用中丝截在尺上相应仪器高位置（也可用上丝对准尺上一个整分米的分画处或上丝对准尺上任一个分画处），并使竖盘指标水准管气泡居中。读数顺序为：读取水平度盘读数、视距、竖盘读数。水平度盘和竖直度盘读数读至分，视距丝读数至 mm。

（2）记录者。根据观测者所测出的数据，记录者复读一遍并将数据记在碎部测量记录表中，立刻计算出观测者所测的视距丝是否正确，如果上丝 + 下丝 − 2 × 中丝 ≤ 5mm，可以通知观测者观测下一个碎部点，用计算器计算出测站点到碎部点的水平距离和高程。计算公式：$\alpha = 90° − L$（顺时针度盘），$D = 100n\cos^2\alpha$，$h_i = D\tan\alpha + i − 1$ 和 $H_i = H_{站} + h_i$。

表 3 − 5　　　　　　　　　　碎 部 测 量 记 录 手 簿

碎部点	视距间隔 /m	中丝读数 /m	竖盘读数 (°′)	竖直角值 (°′)	$i − 1$ /m	高差 h /m	水平角值 (°′)	水平距离 /m	高程 H /m	备注
1	0.380	1.45	93 28	− 3 28	0	− 2.29	175 38	37.9	241.47	
2	0.375	1.45	93 00	− 3 00	0	− 1.96	278 45	37.4	241.80	

（3）绘图者。测图用的量角器圆周边缘刻有角度分画，分画值为 30′（或 20′），直径上刻有长度分画，分画值为 mm，所以既可量角，又可量距。绘图者先将小平板放在仪器的旁边，其方向应与实际地形方向大概一致。在图板上通过地面 A、B 两点的图上位置 a、b，绘一条细线作为起始方向，再用小针穿过量角器圆心的小孔，并插入图板上的测站点 a，设测得 A 至碎部点 1 的水平距离为 45.5m，方向值为 45°56′，测图比例尺 1∶2000，如图 3 − 1 所示，转动量角器，使起始方向线 ab 正好对准量角器的 45°56′（外圈注记：黑色数字），然后在量角器直径 0°一端分画边缘（黑色数字一边）注记 45.5 的分画处用铅笔标注 1 点，则这点便是碎部点 1 在图上的位置，最后在旁边注高程（68.8m）；又如设测得 2 点的水平距离 73.1m，方向值 326°11′（内圈注记：红色数字），在量角器直径 180°一端分画边缘（红色数字一边）注记 73.1 分画处用铅笔标出 2 点，即碎部点 2 在图上的位置，并标出其高程，如图 3 − 2 所示。

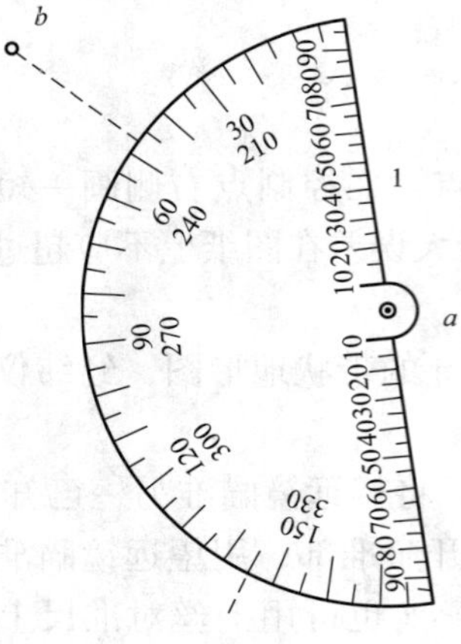

图 3 – 1

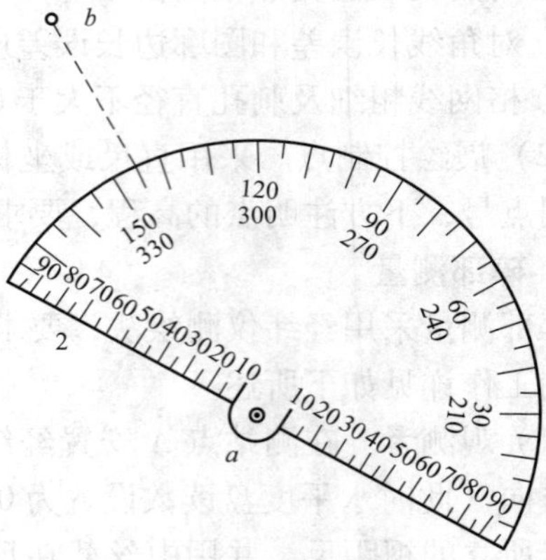

图 3 – 2

（4）立尺者

1）测绘地物的跑尺方法。测绘地物时，除了正确选择地物轮廓点外，还要根据实地地物的分布情况，采用不同的跑尺方法，尽量做到不遗漏、不重复，并使测图方便；否则，对劳动强度、测图效率和质量都有很大的影响。一般实地地形点间最大距离为（2～3）M（M 为比例尺分母，以 cm 为单位），图上地形点间隔 2～3cm，若地形复杂，可适当增加。地物较多时，应分类立尺，以避免绘图者连线出现差错。例如，可先沿道路立尺，测完视距范围内的道路后，再按房屋立尺，不能单纯为了立尺方便，一类地物尚未测完，就转到另一类地物上去立尺，特别不应留单点（即某一地物只测一点）。地物较少时，可采用螺旋形跑尺法，即从测站附近起由近到远。搬站后，再由远到近，这样可使立尺者少跑弯路，当然也可以分区采用"之"字形跑尺法，即在一个测站上将周围分成三个或四个区，由近到远跑完一个区后，再由远到近跑另一区。如有两个立尺者，要做到分工明确，可采用分区包干法，将测站周围分成几个区，由立尺者分工专门负责在某一区内立尺。另外，也可按地物类别分工立尺。晴天上午测图时，最好在测站的西方立尺，下午最好在测站的东方立尺，这样尺面正对阳光，标尺分画在望远镜中成像清晰，使读数准确。

2）测绘地貌的跑尺方法。立尺者除了应按地形线正确选择地貌特点外，还应考虑测绘方便，少出差错。

① 沿等高线跑尺法。如图 3 – 3 所示，立尺者从山脚开始，基本上按"之"形沿等高线一排一排地往山顶立尺，遇到山脊线和山谷线时顺便立尺。这种方法既便于观测，又使立尺者的体力消耗较小。但勾绘等高线时，却不易判断地形上的点子，故绘图者要特别注意，在测绘过程中可预先对地形线上的点子作些记号，以便正确地勾绘等高线。

② 沿方向变换线跑尺法。如图 3 – 4 所示，如立尺者从第一个山脊的山脚开始，沿山脊线往上立尺，到山顶后，又沿相邻的山谷线往下立尺，直至山脚，这样依次又跑第二个山脊线和山谷线，直至全部跑完为止。用这种方法跑尺，图上的地性线位置比较清楚，便于勾绘等高线，但立尺者的体力消耗较大。

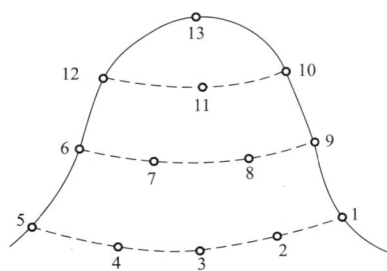

图 3 - 3

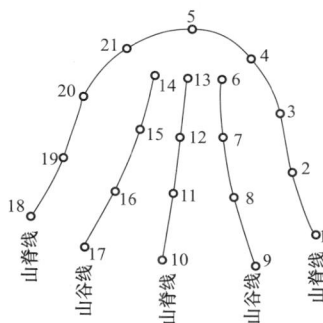

图 3 - 4

3. 地物地貌的绘制、检查

（1）地物的绘制。绘图前应对整个测区和各测站周围的地物分布、地貌特征进行仔细观察，做到心中有数。测图过程中当所测地物的特征点数能够描绘出地物完整图形时，应立即勾绘地物轮廓线，并用规范的图式符号或文字标明地物类别和名称。做到随测随绘，逐渐展绘局部以至全幅的地物。

（2）地貌（等高线）的绘制。在测碎部点的同时，要对照实地情况，将可以勾绘的等高线随时勾绘出来。首先根据所测地形线上各点，把地形线在图上轻轻绘出，可用实线表示山脊线；用虚线表示山谷线。然后在两相邻碎部点之间，按其高程内插等高线。

由于测图时在地面坡度变化的地方都测有碎部点，因此相邻碎部点之间坡度是均匀的。这样就可在两相邻碎部点之间，按水平距离与高差成正比，内插出该两点之间各等高线通过的位置。

4. 地形图整饰要求

（1）地形原图整饰的顺序是："先图内后图外，先地物后地貌，先注记后符号"。

（2）具体做法是擦去多余的线条，如坐标格网线，只保留交点处纵横 1.0 的"＋"字；擦去用实线和虚线表示的地性线，擦去多余的碎部点，只保留制高点、河岸重要的转折点、道路交叉点等重要的碎部点。

（3）加深地物轮廓线和等高线，加粗计曲线并在计曲线上注记高程，注记高程的数字应成列，字头朝向高处。

（4）按图示规范要求填注符号和注记，各种文字注记，标在适当位置，一般要求字头朝北，字体端正。在等高线通过注记和符号时必须断开。

（5）应按照图式要求，绘制图廓，填写图名、图号、比例尺、等高距、坐标及高程系统、图例施测单位、测量者、测量日期和指北针等。

三、道路中线测量

1. 踏勘选点

在测区范围内，由指导教师指导学生进行现场选线，由各组用木桩标定本组的交点和转点的实地位置。

（1）经纬仪选线。

1）测量路线导线右角。在交点上安置经纬仪，采用测回法观测路线导线相邻边所夹的右角，一侧回中上半侧回角值与下半侧回角值之差不大于规范规定。

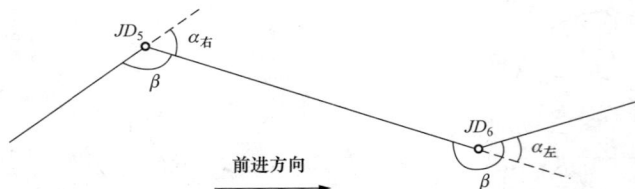

图 3 - 5

2）计算转角：

$\beta_右 < 180°$时，路线右偏，$\alpha_右 = 180° - \beta_右$；

$\beta_右 > 180°$时，路线左偏，$\alpha_左 = \beta_右 - 180°$。

3）确定角平分线的方向：

① 当左转角（或 $\beta_右 > 180°$）时，分角线方向水平度盘读数 = 前视$_Ⅱ$ + $\beta_右/2$ + 180°；

② 当右转角（或 $\beta_右 < 180°$）时，分角线方向水平度盘读数 = 前视$_Ⅱ$ + $\beta_右/2$。

式中"Ⅱ"表示一测回测角下半测回（即盘右）的标志。分角线定出后，要用桩将此方向线标定在地面上。

4）用罗盘仪测定路线导线起始边和终边的磁方位角，正反磁方位角满足规范要求。

5）检查测角是否符合要求：

$$f_B = A_终 - \left(A_始 + \sum \alpha_右 - \sum \alpha_左 \right)$$

6）用视距法测定相邻交点间的水平距离，供拉链组标链。

（2）采用全站仪选线。在控制测量的基础上，采用全站仪的坐标测量功能测量各交点的坐标后进行计算。

1）计算路线导线各边方位角。

$$\alpha = \arctan \frac{y_j - y_i}{x_j - x_i}$$

第一象限：$\alpha_{ij} = \alpha$ 　　　　　　　$\alpha > 0$

第二象限：$\alpha_{ij} = \alpha + 180°$ 　　　　$\alpha < 0$

第三象限：$\alpha_{ij} = \alpha + 180°$ 　　　　$\alpha > 0$

第四象限：$\alpha_{ij} = \alpha + 360°$ 　　　　$\alpha < 0$

2）计算路线导线各边边长。

$$D_{ij} = \sqrt{(x_j - x_i)^2 + (y_j - y_i)^2}$$

3）计算转角。

公路测路线导线的右角：$\beta_右 = \alpha_后 - \alpha_前 + 180°$

$\beta_右 < 180°$时，路线右偏，$\alpha_右 = 180° - \beta_右$

$\beta_右 > 180°$时，路线左偏，$\alpha_左 = \beta_右 - 180°$

2. 道路中线里程桩的设置

（1）里程桩的设置。

1）设整桩。按地形条件和工程要求，从路线起点开始，直线部分在山岭重丘区沿路线每隔 20m 设置里程整桩。当平曲线半径 $R \geqslant 50m$ 时，每隔 20m 设置整桩，当 $R < 50m$ 时，每隔 10m 设置整桩，当 $R \leqslant 20m$ 时，每隔 5m 设置整桩，并将桩标定在地面上，进行编号，用红油漆书写在本桩上。

2）设加桩。在地形变化或重要地物处设置里程加桩，并将桩标定在地面上，进行编号，用红油漆书写在本桩上。

（2）计算曲线测设元素。根据《公路工程技术标准》（JT GB01—2003）和实习队统一要求，结合现场地形条件选定圆曲线和缓和曲线的曲线半径 R 和缓和曲线长度 l_s，再进行曲线测设元素计算。

1）圆曲线的测设元素计算。

$$T = R\tan\frac{\alpha}{2}, \quad E = R\left(\sec\frac{\alpha}{2} - 1\right), \quad L = \frac{\pi}{180°}R\alpha,$$

$D = 2T - L$。

主点里程桩的计算：

$$ZY_{里程} = JD_{里程} - T$$
$$YZ_{里程} = ZY_{里程} + L$$

$$QZ_{里程} = YZ_{里程} - \frac{L}{2}$$

$$JQ_{里程} = QZ_{里程} + \frac{D}{2}$$

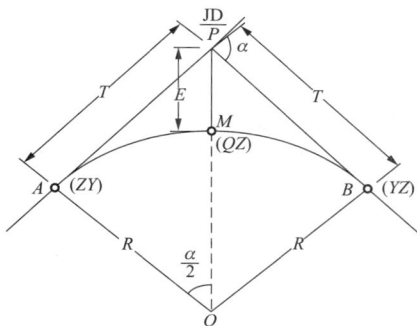

图 3－6

2）带有缓和曲线的圆曲线的测设元素计算。

① 缓和曲线角：

$$\beta_0 = \frac{l_s}{2R} = \frac{l_s \times 180°}{2\pi R}$$

② 内移值 P 和切线增长值 q：

$$P = \frac{l_s^2}{24R}$$

$$q = \frac{l_s}{2} - \frac{L_s^3}{240R^2}$$

③ 测设元素：

切线长，$T_H = (R + p)\tan\frac{\alpha}{2} + q$

曲线长，$L_H = R(\alpha - 2\beta_0)\frac{\pi}{180°} + 2l_s$　　其中，$L_Y = \frac{\pi R(\alpha - 2\beta_0)}{180°}$

外距，$E_H = (R + p)\sec\frac{\alpha}{2} - R$

切曲差，$D_H = 2T_H - L_H$

④ 主点里程计算与测设：

圆缓点，$YH_{里程} = HY_{里程} + T_H$

缓直点，$HZ_{里程} = YH_{里程} + l_h$

曲中点，$QZ_{里程} = HZ_{里程} - L_H/2$

交点，$JD_{里程} = QZ_{里程} + D_H/2$

（3）道路中线逐桩里程计算。测量综合实训要求公路中线里程按整桩号法进行计算。从路线起点开始一直到路线终点，利用路线导线边长 D_{ij} 和曲线测设元素计算每一个中桩的里程。

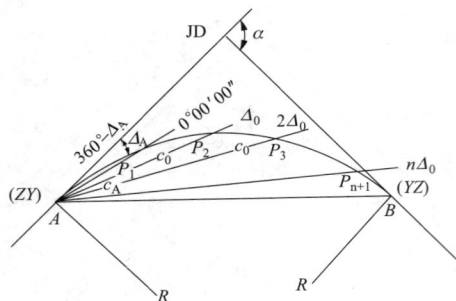

图 3-7

3. 道路中线逐桩坐标计算

（1）直线段中桩坐标计算。

$$x_j = x_i + D_{ij}\cos\alpha_{ij}$$
$$y_j = y_i + D_{ij}\sin\alpha_{ij}$$

（2）圆曲线段中桩坐标计算。

曲线长 l_i = 曲线中桩里程 - 曲线起点里程（ZY）

或者 l_i = 曲线终点里程 - 曲线中桩里程（ZY）

1）偏角 Δ_i 和弦长 C_i 计算：

$$\Delta_i = \frac{l_i}{2R} = \frac{90°l_i}{\pi R}, \quad C_i = 2R\sin\Delta_i$$

2）弦的方位角计算：

$$\alpha_{c_i} = \alpha_{i-1,i} \pm \Delta_i \quad （左传取 +，右转取 -）$$

3）曲线主点坐标计算：

$$x_{ZY} = x_{JD} + T_i\cos\alpha_{i-1,i}$$
$$y_{ZY} = y_{JD} + T_i\sin\alpha_{i-1,i}$$
$$x_{YZ} = x_{JD} + T_i\cos\alpha_{i,i+1}$$
$$y_{YZ} = y_{JD} + T_i\sin\alpha_{i,i+1}$$
$$x_{QZ} = x_{JD} + E_i\cos\alpha_{E_i}$$
$$y_{QZ} = y_{JD} + E_i\sin\alpha_{E_i}$$

χ 圆曲线详细中桩坐标计算。

$$x_{ZY} = x_{ZY} + C_i\cos\alpha_{C_I}$$
$$y_{ZY} = y_{ZY} + C_i\sin\alpha_{C_I}$$

圆曲线中桩坐标计算在 QZ，YZ 和交点进行检核。

（3）带有缓和曲线的圆曲线中桩坐标计算。

1）曲线长 l_i = 曲线中桩里程 - 曲经起点里程

或者 l_i = 曲线终点里程 - 曲线中桩里程

2）偏角 Δ_i 和弦长 C_i 计算。

缓和段： 偏角，$\delta_i = \frac{1}{3}\left(\frac{l_i}{l_s}\right)\beta_0$　　弦长，$C_i = l_i - \frac{l_i^5}{90R^2l_s^2}$

圆曲线段： 偏角，$\Delta_i = \frac{l_i}{2R} = \frac{90°l_i}{\pi R}$　　弦长，$C_i = 2R\sin\Delta_i$

3）缓和段弦的方位角计算。

左转：第一缓和段，$\alpha_{c_i} = \alpha_{i-1,i} + \delta_i$，第二缓和段，$\alpha_{c_i} = \alpha_{i+1,i} - \delta_i$

右转：第一缓和段，$\alpha_{c_i} = \alpha_{i-1,i} - \delta_i$，第二缓和段，$\alpha_{c_i} = \alpha_{i+1,i} + \delta_i$

4）圆曲线段弦的方位角计算。

HY 点或 YH 点切线方位角：$\alpha_{切} = \alpha_{i-1,i} \pm \beta_0$（左传取 +，右转取 −）

圆曲线段弦的方位角：$\alpha_{c_i} = \alpha_{切} \pm \Delta_i$（左传取 +，右转取 −）

5）曲线主点坐标计算。

$$x_{ZH} = x_{JD} + T_{H_i}\cos\alpha_{i-1,i}$$
$$y_{ZH} = y_{JD} + T_{H_i}\sin\alpha_{i-1,i}$$
$$x_{HZ} = x_{JD} + T_{H_i}\cos\alpha_{i,i+1}$$
$$y_{HZ} = y_{JD} + T_{H_i}\sin\alpha_{i,i+1}$$
$$x_{QZ} = x_{JD} + E_{H_i}\cos\alpha_{E_i}$$
$$y_{QZ} = y_{JD} + E_{H_i}\sin\alpha_{E_i}$$

6）曲线详细中桩坐标计算。

第一缓和段：
$$x_i = x_{ZH} + C_i\cos\alpha_{C_1}$$
$$y_i = y_{ZH} + C_i\sin\alpha_{C_1}$$

第二缓和段：
$$x_i = x_{HZ} + C_i\cos\alpha_{C_1}$$
$$y_i = y_{HZ} + C_i\sin\alpha_{C_1}$$

圆曲线段：
$$x_i = x_{ZH} + C_i\cos\alpha_{C_1}$$
$$y_i = y_{ZH} + C_i\sin\alpha_{C_1}$$

带有缓和曲线的圆曲线中桩坐标计算在 QZ 点，YH 点进行检核。

（4）曲线中桩坐标计算表格要求。

表 3 - 6　　　　　　　　　　　　中 桩 坐 标 计 算 表

桩号	弧长 l_i	偏角 Δ_i	弦长 C_i	弦的方位角 α_c	纵坐标 X	横坐标 Y	备注

4. 道路中桩放样（测设）

（1）经纬仪金属尺放样。

1）直线放样（略）。

2）圆曲线测设。

① 主点里程桩的测设。ZY、YZ 的测设：经纬仪安置在 JD 上，望远镜照准后视，在此方向上自 JD 量切线长 T 得 ZY，望远镜照准前视，在此方向上自 JD 量切线长 T 得 YZ，分别

打圆曲线的起点桩和终点桩，在桩上用红油漆写上桩名和桩号。

QZ 的测设：经纬仪安置在 JD 上，照准分角线方向自 JD 量 E，得圆曲线中点 QZ，打上木桩，用红油漆写上桩名和桩号。

② 圆曲线的详细测设。圆曲线的详细测设方法很多，根据实际情况选用，圆曲线加密设桩的方法有整桩号法和整桩距法。整桩号法就是将曲线两端靠近起点的第一个桩号凑为整数桩号，首尾两段曲线长均为分弧段，然后再按整桩距连续设桩；整桩距法从曲线起点或终点开始，以整桩距向曲线中点设桩，这些整桩距的曲线段称为整弧段，最后余下一个不足整桩距。测量综合实训采用整桩号法。

方法 1：切线支距法详细测设圆曲线。以曲线的起点或终点为坐标原点，取切线方向为 x 轴，垂直切线方向为 y 轴，建立直角坐标系。

测设数据由式（3-1）计算：

$$\begin{cases} x = R\sin\left(\dfrac{l}{R} \times \dfrac{180°}{\pi}\right) \\ y = R\left[1 - \cos\left(\dfrac{l}{R} \times \dfrac{180°}{\pi}\right)\right] \end{cases} \qquad (3-1)$$

式中　l——桩点至原点之曲线长；

　　　R——圆曲线半径。

切线支距法详细测设圆曲线的过程如下，如图 3-9 所示。

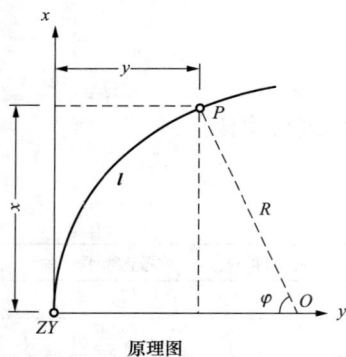

图 3-8

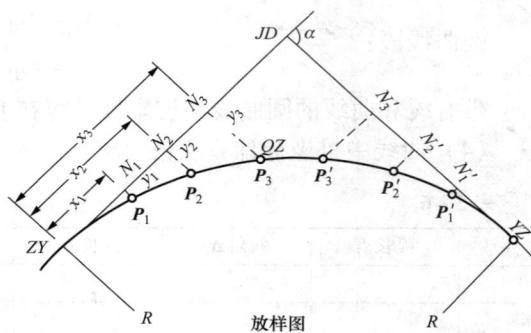

图 3-9

自 ZY 往 JD 方向上量取 x_1 得垂足 N_1，用皮尺以垂足 N_1 点为直角三角形的顶角点拉出直角三角形，并在垂线上量取 y_1 值，便得到 P_1 点，其他点依次类推（也可用方向架确定 x 轴的垂线方向），写上桩号并在地上打上木桩。切线支距法应从圆曲线的起点、终点向中点测设各辅点位置。

方法 2：偏角法详细测设圆曲线。偏角法设置曲线，通常以整桩号设桩，它实质是以曲线起点或终点至曲线任一点 P 的弦切角 Δ（偏角）和弦长 c 来确定 P 点的位置。

测设数据由式（3-2）计算：

$$\left.\begin{array}{l} \Delta = \dfrac{l}{2R} \times \dfrac{180°}{\pi} \\[2mm] c = 2R\sin\left(\dfrac{l}{2R} \times \dfrac{180°}{\pi}\right) \end{array}\right\} \qquad (3-2)$$

式中　Δ——桩点的偏角；

　　　l——桩点至起（终）点之曲线长；

　　　R——圆曲线半径。

偏角法详细测设圆曲线过程如下，如图 3-10 所示。

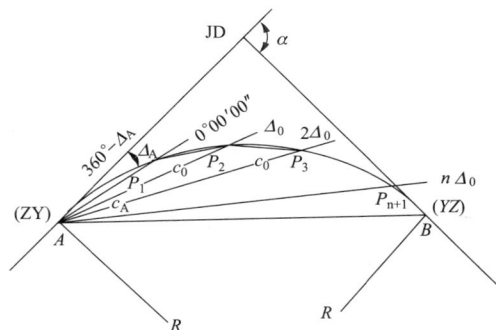

图 3-10

经纬仪安置在 ZY 点上，瞄准 JD 点，使水平度盘读数为 $0°00'00''$，转动照准部使水平度盘读数为 Δ_A（拨角），得 AP_1 方向，在此方向上自 A 量 AP_1 弧长所对的弦长 c_A 得 P_1 点，写上桩号，在地上打木桩；转动照准部使水平度盘读数为 Δ_0，得 AP_2 方向，自 P_1 点量 c_0 长与 AP_2 方向相交得 P_2，写上桩号，在地上打木桩，其余各点测设方法与 P_2 点相同，直至 YZ 点上。

用偏角法测设曲线时可正拨也可反拨，上边讲的是正拨情况，如将仪器安置在 YZ 点上，向 ZY 点测设，就属于反拨。

也可将经纬仪安置在 QZ 点上，分别向圆曲线起点 ZY、终点 YZ 测设，测设前半个曲线是反拨数值，测设后半个曲线是正拨数值。

3）带有缓和曲线的圆曲线测设。

① 主点测设。主点 ZH、HZ、QZ 的测设方法与圆曲线主点测设方法相同。HY、YH 点是根据缓和曲线终点坐标（x_0、y_0）用切线支距法测设。

$$x_0 = l_s - \frac{l_s^3}{40R^2}$$

$$y_0 = \frac{l_s^2}{6R} - \frac{l_s^4}{336R^3}$$

② 带有缓和曲线的圆曲线的详细测设。

方法 1：切线支距法。切线支距法是以 ZH 点（对于前半曲线）或 HZ 点（对于后半曲线）为坐标原点，以过原点的切线为 x 轴，过原点的半径轴，利用缓和曲线段和圆曲线段上的各点的坐标（x、y）测设曲线。

缓和曲线段上各中桩坐标：$\begin{cases} x_i = l_i - \dfrac{l_i^5}{40R^2 l_s^2} \\[2mm] y_i = \dfrac{l_i^3}{6Rl_s} - \dfrac{l_i^7}{336R^3 l_s^3} \end{cases}$

圆曲线上各中桩坐标：$\begin{cases} x = R\sin\varphi + q \\ y = R(1 - \cos\varphi) + p \end{cases}$　　其中，$\varphi = \dfrac{(l - l_s)180°}{\pi R} + \beta_0$

在计算出缓和曲线段上和圆曲线段上各点的坐标（x、y）后，在 ZH 点或 HZ 点按用切线支距法测设缓和段。圆曲线上各点以缓圆点 HY 或圆缓点 YH 为坐标原点，用切线支距法进行圆曲线段测设。在 QZ 点和 YH 点进行检核。

方法 2：偏角法。

缓和段：　　偏角，$\delta_i = \dfrac{1}{3}\left(\dfrac{l_i}{l_s}\right)\beta_0$　弦长，$c_i = l_i - \dfrac{l_i^5}{90R^2 l_s^2}$

圆曲线段： 偏角，$\Delta_i = \dfrac{l_i}{2R} = \dfrac{90°l_i}{\pi R}$ 弦长，$C_i = 2R\sin\Delta_i$

在 ZH 点或 HZ 点按用偏角法测设缓和段。确定 HY 点或 YH 点的切线方向，再用偏角法进行圆曲线段测设。在 QZ 点和 YH 点进行检核。

（2）全站仪坐标放样。在道路中桩逐桩坐标计算完以后，采用全站仪的放样功能进行道路中桩放样，放样步骤如下：

1）在菜单下选择"放样"功能；

2）测距参数设置；

3）设置测站点坐标、仪器高和棱镜高；

4）设置后视点坐标或后视坐标方位角；

5）设置放样数据；

6）放样。

四、路线纵横断面测量

在道路中线测定之后，进行纵断面测量，测定中线上各里程桩的地面高程，并绘制路线纵断面图，用以表示沿路线中线位置的地形起伏状态，主要用于路线纵坡设计。进行横断面测量，测定中线上各里程桩处垂直于中线方向的地形起伏状态，并绘制横断面图，供路基设计、计算土石方数量以及施工放边桩之用。

1. 纵断面测量

纵断面测量一般分为两步：基平测量和中平测量。

（1）基平测量。采用水准测量方法应将起始水准点与附近国家水准点进行联测，以获取水准点的绝对高程。

（2）中平测量（又称中桩抄平）。基平测量结束后，在已知水准点的基础上，采用视线高法，逐个测定中桩处的地面高程。

（3）纵断面图绘制。选定的里程比例尺和高程比例尺（一般对于平原微丘区里程比例尺常用 1:5000 或 1:2000，相应的高程比例尺为 1:500 或 1:200；山岭重丘区里程比例尺常用 1:2000 或 1:1000，相应的高程比例尺为 1:200 或 1:100），打格制表，填写里程、地面高程、直线与曲线、土壤地质说明等资料；绘出地面线。

2. 横断面测量

先确定横断面方向，采用标杆皮尺法（抬杆法）进行横断面测量，要求中桩左右各测 20m，采用 1:200 或 1:100 的比例尺绘制横断面图。

3.5 测量综合实训上交资料

表 3-7 测量综合实训成果表

实训阶段项目	提 交 成 果
实习准备阶段	经纬仪、水准仪检验报告
控制测量阶段	（1）选点草图和控制点一览表
	（2）水平角观测、量边手簿

续表

实训阶段项目	提 交 成 果
控制测量阶段	（3）水准测量手簿
	（4）导线近似平差计算表
	（5）高程近似平差计算表
地形图测绘阶段	（1）碎部点测量手簿
	（2）测区地形图
中线测量阶段	（1）直线曲线转角表
	（2）偏角法测设数据表
	（3）中线逐桩坐标表
纵、横断面测量阶段	（1）纵断面测量记录
	（2）横断面测量记录
	（3）路线纵断面图
	（4）路线横断面图
结束阶段	测量实训报告

除测量原始记录和实训报告以外，所有的阶段性测量成果要求用 A4 纸张（或坐标纸）绘制，在测量实训实习结束前由实习队统一装订成册，成绩评定结束后，由系部资料室统一保管。

3.6　测量综合实训成绩评定

测量综合实训为考试课，学生实习最终成绩由实习小组量化成绩、平时表现和个人仪器操作考核三部分组成，其中实习小组量化成绩占 60%，平时表现占 20%，个人仪器操作考核占 20%。按五级记分制（优秀、良好、中等、及格、不及格）评定成绩。

1. 实习小组量化考核办法

（1）量化考核以实习小组为单位进行，考核整个小组和每一个成员的表现。

（2）考核内容分为纪律、进度、质量三项，每周考评一次，每周每项基本分为 10 分，考核基本分为 120 分。

（3）考核依据每周质量检查、进度核对和纪律内务检查结果进行。

（4）考核办法采用扣分和加分得出。

（5）小组扣分按下列情况得出。

1）纪律考核：小组成员每迟到或早退一人次扣 1 分，旷课旷工一人次扣 2 分，其他严重违纪一人次扣 5 分。

2）进度考核：按实习计划未按期上交实习成果扣 2 分，每拖延一天扣 1 分，小组成员未按时完成或上交实习日记每人次扣 1 分。

3）质量考核：测量成果未达到技术标准要求扣 5 分，无原始记录扣 5 分，记录计算不规范扣 5 分，编造、涂改数据扣 10 分，小组成员抽样考核不合格每一人次扣 2 分。

（6）加分根据小组成员的综合情况，结合质量、进度、纪律考评结果加 1~5 分。

（7）实习小组量化考核总分低于 80 分，小组所有成员实习成绩以"不合格"计。

2. 个人仪器操作考核（20%）

表 3 - 8　　　　　　　　　　测 量 仪 器 考 核

考核项目	考核内容	成绩考核（时间：min）			
		优秀	良好	及格	不及格
经纬仪	（1）测量三角形的三个内角； （2）观测程序规范； （3）记录计算规范无误； （4）半测回归零差不大于40″ （5）$f_\beta \leq \pm 40\sqrt{n}$	<20	20~30	30~40	>40
水准仪	（1）用普通水准测量方法完成闭合水准路线测量任务，包括记录、计算校核，计算出闭合差并进行调整； （2）仪器操作规范准确； （3）记录计算规范无误； （4）$f_{h容} \leq 12\sqrt{n}$　mm	<15	15~20	20~25	>25
全站仪	（1）全站仪坐标放样，要求完成20个点放样任务； （2）熟悉仪器功能，操作规范	<20	20~25	25~30	>30

3. 个人平时成绩（20%）

表 3 - 9　　　　　　　　　　平 时 成 绩

序号	评定项目	基本要求
1	实习纪律表现	（1）不迟到、不早退，不旷工； （2）团结师生，不打架、斗殴、酗酒； （3）积极主动完成各项任务
2	仪器使用	（1）爱护仪器和工具，不损坏仪器工具； （2）不私自校正仪器
3	实习日记	（1）坚持每天写日记； （2）书写认真，内容新颖，有体会和感想
4	实习报告	（1）文理通顺，结论明确； （2）内容全面，字迹工整，图表规范正确

附录 A 国家职业技能鉴定规范
（工程测量工考核大纲）

中级工程测量工鉴定要求

1. 适用对象

从事工程测量的技术工人。

2. 申报条件

取得初级职业资格证书后，并连续从事本工种工作五年以上。

3. 考生与考评人员比例

（1）理论知识考试原则上按每20名考生配备1名考评人员（20:1）。

（2）技能操作考核原则上按每5名考生配备1名考评人员（5:1）。

4. 鉴定方向和时间

本工种采用理论知识考试和技能操作考核两种形式进行鉴定。技能操作考核由3～5名考评人员组成考评小组进行考核，考核分数取其平均分。

（1）理论知识考试时间为120min，满分为100分，60分及格。

（2）技能操作考核时间为120～240min，满分为100分，60分及格。

（3）理论知识考试和技能操作考核均及格为合格。

5. 鉴定场所和设备

（1）理论知识考试在不小于标准教室面积的室内。

（2）技能操作考核在室外。

（3）DS_1型或$DS_{0.5}$型精密水准仪和DJ_2型经纬仪及电磁波测距仪等。

附表 A－1   中 级 工 程 测 量 工

项目	鉴定范围	鉴定内容	鉴定比重（%）
基本知识	1. 测量误差的一般理论知识	（1）测量误差的概念及基本知识； （2）水准测量的主要误差来源及其减弱措施，如仪器误差、观测误差、水准尺倾斜误差及外界因素影响； （3）水平角观测及电磁波测距仪的误差来源及其减弱措施，如仪器误差、仪器对中误差、目标偏心误差、观测误差及外界条件误差	15
	2. 控制测量知识	（1）平面控制测量的布网原则及测量方法，如三角测量、三边测量、导线测量； （2）高程控制测量的布网原则及测量方法； （3）电磁波测距仪测距的基本原理、结构和使用方法； （4）城市坐标与厂区坐标换算的基本原理的计算方法； （5）施工控制网的基本概念	15

续表

项目	鉴定范围	鉴定内容	鉴定比重（%）
专业知识	1. 地形测量知识	（1）地形测量原理及工作流程； （2）图根控制测量的主要技术要求； （3）大比例地形图知识； （4）地形图图式符号的使用	10
	2. 建筑工程测量知识	（1）工业与民用建筑工程施工测量的方法及主要技术要求； （2）建筑方格网、建筑轴线的施测方法； （3）拨地测量的施测方法	15
	3. 水利工程测量知识	（1）水下地形测量的施测方法； （2）桥梁、水利枢纽工程的施测方法	5
	4. 线路工程测量知识	（1）铁路、公路、架空输送电线路工程中线的测设方法； （2）圆曲线、缓和曲线的测设原理及测设方法 （3）地下管线测量的施测方法及主要作业流程	15
	5. 建筑物沉降、变形观测知识	（1）各类建筑物、桥梁、烟囱、水利工程沉降、变形观测的基本知识和施测方法； （2）建筑物沉降观测的精度要求和观测频率	15
相关知识	计算机知识	（1）微机基本组成部分及应用知识； （2）可编程袖珍计算机的使用及其简单编程方法	10
技能要求 操作要求	中级操作技能	（1）一、二、三级导线测量的选点、埋石、观测、记录方法及内业成果整理； （2）二、三、四等精密水准测量的选点、埋石、观测、记录方法及内业成果整理、高差表的编制； （3）对 DJ_2 型光学经纬仪、DS_1 型水准仪进行常规项目的检验与校正； （4）能够组织完成定线、拨地测量工作； （5）组织实施一般建筑物、桥梁、水利工程的沉降变形观测工作； （6）道路圆曲线和一般缓和曲线及各类工程放样元素的计算及实地测设工作； （7）使用袖珍电子计算机或电子手簿进行野外测量记录； （8）二、三、四等水准仪测量和一、二、三级导线测量的单结点平差计算及一般工程测量的计算工作	80

续表

项目	鉴定范围	鉴定内容	鉴定比重（%）
工具设备的使用与维护	1. 工具的使用与维护	温度计、气压计的正确读数方法及维护常识，袖珍计算机的安全操作和保养方法	5
	2. 设备的使用与维护	（1）DJ$_2$、DJ$_6$经纬仪、精密水准仪、精密水准尺、各类全站仪的正确使用方法及保养常识； （2）光电测距仪电池正确充电方法及线路连接	5
安全及其他	安全作业	（1）熟悉各种测绘仪器、设备的安全操作规程，并严格执行； （2）掌握野外测量安全知识，严格执行安全生产条例	10

高级工程测量工鉴定要求

1. 适用对象

从事工程测量的技术工人。

2. 申报条件

取得中级职业资格证书后，并连续从事本工种工作五年以上。

3. 考生与考评人员比例

（1）理论知识考试原则上按每 20 名考生配备 1 名考评人员（20∶1）。

（2）技能操作考核原则上按每 5 名考生配备 1 名考评人员（5∶1）。

4. 鉴定方向和时间

本工种采用理论知识考试和技能操作考核两种形式进行鉴定。技能操作考核由 3～5 名考评人员组成考评小组进行考核，考核分数取其平均分。

（1）理论知识考试时间为 120min，满分为 100 分，60 分及格。

（2）技能操作考核时间为 120～240min，满分为 100 分，60 分及格。

（3）理论知识考试和技能操作考核均及格为合格。

5. 鉴定场所和设备

（1）理论知识考试在不小于标准教室面积的室内。

（2）技能操作考核在室外。

（3）DJ$_2$型经纬仪。

附表 A－2　　　　　　　　**高 级 工 程 测 量 工**

项目	鉴定范围	鉴定内容	鉴定比重（%）
知识要求基本知识	1. 测量误差的一般理论知识	（1）测量误差产生的原因及其分类； （2）衡量测量成果精度的指标，如中误差、平均误差、相对误差； （3）水准观测、水平角观测、光电测距仪观测的误差来源及其减弱措施	15

续表

项目	鉴定范围	鉴定内容	鉴定比重（%）
知识要求 基本知识	2. 控制测量知识	（1）高斯正投影中的投影带和投影面的基本概念及平面直角坐标系的概念； （2）各种工程测量控制网的布网方案、施测方法和主要技术要求； （3）工程测量细部放样控制网的布设原则、施测方法及主要技术要求； （4）高程控制测量的布设方案及测量方法； （5）工程测量控制网、细部放样网的平差计算方法	15
专业知识	1. 建筑测量知识	（1）建筑工程放样的一般方法； （2）高层建筑轴线的投测与标高的传递； （3）拔地放样数据的计算与施测方法； （4）全站仪的性能及操作方法	15
	2. 线路工程测量知识	（1）线路中线的定线及里程桩的测设； （2）线路纵横断面测量的方法与施测； （3）地下管线测量的作业方法； （4）圆曲线、缓和曲线放样数据的计算与放样	15
	3. 地下坑道测量知识	（1）地下坑道工程贯通误差的概念； （2）地下坑道工程贯通测量方法	10
	4. 水利工程测量知识	（1）水利枢纽工程的控制测量与施工放样方法； （2）大、中型桥梁的控制测量及施工	5
	5. 变形测量知识	（1）变形观测的基本内容； （2）变形观测的施测方法如沉降观测、水平位移观测等	10
	6. 高精度工程测量知识	高精度工程测量的基本内容及技术要求	5
相关知识	1. 计算机知识	（1）袖珍计算机的使用方法及简单编程； （2）微机基本构造及 DOS 操作系统	5
	2. 测绘高新技术在工程测量中的应用知识	测绘高新技术在工程测量领域的应用情况及发展趋势	5
技能要求 技能操作	高技能操作	（1）熟练掌握精密经纬仪、精密水准仪、电磁波测距仪、全站仪的操作要求； （2）能对工程测量中级工进行一般技术指导； （3）全站仪的常规操作及数据传输方法； （4）按规范和要求制定工程控制网的施测步骤并组织实施； （5）掌握大、中型工程的施工测量、竣工测量方法并编写施测报告或技术总结； （6）在规范指导下进行地下贯通测量的施测工作； （7）能组织完成一般工程测量工作，如地形图测绘、建筑工程测量、地下管线测量、工程测量、定线、拔地测量的施测工作及记录、计算工作； （8）能组织完成导线测量包括一、二、三级导线及图根导线和水准测量的平差计算工作（包括单结点）； （9）了解工程测量常用专业仪器的操作方法，如激光经纬仪、激光铅锤仪	80

续表

项目	鉴定范围	鉴定内容	鉴定比重（%）
工具设备的使用与维护	1. 工具的使用与维护	（1）温度计、气压计的读数方法及保护措施； （2）袖珍计算机、微机的操作规程	5
	2. 设备的使用与维护	（1）精密经纬仪、精密水准仪、光电测距仪、全站型电子经纬仪的正确使用方法及保养知识； （2）仪器电池充电放电方法； （3）熟悉其他测绘仪器的保养知识	5
安全及其他	安全作业	（1）严格执行各种测绘仪器、设备的安全操作规程； （2）掌握野外测量安全知识，严格执行安全生产条例	10

附录 B 国家工人技术等级标准
（工程测量工）

工种定义

使用测量仪器，按工程设计和技术规范要求，为各类工程包括地形图测量、工程控制网的布设及施工放样、建筑施工、铁路、公路、航道、水利、桥梁、地下施工、矿山建设和生产、建筑物的变形观测等提供测量数据和测量图件。

适用范围

施工测量、市政工程测量、铁路测量、公路测量、航道测量、矿山测量、水工测量、水利测量。

学徒期

两年。

初 级 工 程 测 量 工

了解普通工程测量作业内容和作业规程，掌握地形测量、图根控制测量的基本技能，了解电子计算器的使用方法，在指导下从事工程测量作业，完成指定的单项任务。

知识要求：

1. 了解地形图的内容与用途，具有地形图比例尺概念。
2. 掌握常用的测绘仪器、工具的名称、用途及保养常识。
3. 掌握测量中常用的度量单位及换算。
4. 了解图根导线、图根水准的测量原理及计算方法。
5. 了解平板测图的原理及施测方法。
6. 了解地下管线的测量原理及施测方法。
7. 了解定线、拔地测量和建（构）筑物放样的基本方法。
8. 懂得野外测量的安全知识。

技能要求：

1. 能使用标杆、垂球架、光学对中器进行对中。
2. 能勾绘交线草图和断面图，绘制点之记。
3. 在指导下能进行图根水准、图根导线的观测、记录。
4. 掌握道路纵横断面测量，定线拔地放样的辅助工作。

5. 在指导下能进行普通经纬仪、水准仪、平板仪常规项目的检校。

6. 正确使用各类常用图式符号。

7. 能正确使用皮尺和钢卷尺进行量距。

8. 能应用电子计算器进行一般的计算工作。

9. 掌握地下管线测量的辅助工作。

工作实例：

初级工应掌握以下工作实例 1~2 项。

1. 绘制点之记或断面施测草图一例。

2. 图根水准观测、记录或图根导线水平角观测、记录一例。

3. 坐标放样数据计算一例。

4. 纵、横断面测量及绘制断面图一例。

5. 使用图解法测量管线工程一例。

6. 图根导线近似平差计算一例。

中 级 工 程 测 量 工

　　具有工程测量的一般理论知识及有关工程建设的一般专业知识，懂得地形图测量、三角测量、水准测量、导线测量、定线测量、变形观测的一般理论知识，掌握各类工程测量的一般方法，包括工程建设施工放样、工业与民用建筑施工测量、线型测量、桥梁工程测量、地下工程施工测量、水利工程测量及建筑物变形观测的施测方法，了解袖珍计算机的应用技术，了解全面质量管理的基础知识，独立完成一般工程测量项目。

知识要求：

1. 二、三等水准测量及测量误差的基本知识。

2. 了解城市坐标与厂区坐标换算的基本原理及计算方法。

3. 懂得建筑方格网、道路曲线测设原理及测设方法。

4. 掌握各类建筑物、桥梁、烟囱、水利工程沉降、变形观测的基本知识和施测方法。

5. 懂得精密光学经纬仪、水准仪、精密水准尺的检校知识和检校方法。

6. 掌握归心改正、坐标传递、交会定点的原理和计算方法。

7. 掌握袖珍电子计算机的应用知识。

8. 了解水准观测、水平角观测、光电测距仪测距的误差来源及减弱的措施。

技能要求：

1. 一、二、三级导线测量，二、三等精密水准测量。跨河水准测量的选点、埋石、记录、观测工作，内业成果整理、概算、高程表的编制。

2. 能进行道路圆曲线和一般的缓和曲线及各类工程放样元素的计算及测设工作。

3. 能进行 DJ_2 光学经纬仪、DS_1 型水准仪和精密水准仪和精密水准尺常规项目的检验。

4. 组织实施一般建筑物和完成定线、拔地测量工作。

5. 组织实施一般建筑物、桥梁、烟囱、水利工程的沉降、变形观测工作。

6. 能进行水准网、导线网的单结点、双结点平差计算及交会定点和典型图型平差计算工作。

7. 能利用袖珍计算机进行平差计算，利用电子手簿进行外业记簿。

工作实例：

中级工应掌握以下工作实例 1~2 项。

1. 一、二、三级导线和二等水准观测，记簿各一例。

2. 导线网、水准网的单结点、双结点平差，三角测量概算，交会定点平差计算或典型平差计算一例。

3. 沉降、变形观测的计算和成果资料整理一例。

4. 道路工程圆曲线、缓和曲线、曲线元素计算和放样工作一例。

5. 组织实施工程控制网设计方案一例。

高 级 工 程 测 量 工

具有工程测量一般原理知识，了解高精密工程测量控制网、细部放样网、轴线及工艺设备的放样安装，竣工测量、变形观测的一般理论知识，具有电子计算机的一般应用知识，了解国内工程测量发展动态和新技术应用知识，熟练地掌握精密经纬仪、精密水准仪、光电测距仪的操作技术，掌握工程控制网、细部放样、竣工测量、变形观测的施测技术，能分析处理施测中出现的一般技术问题。

知识要求：

1. 了解高斯正形投影平面直角坐标系的基本概念。
2. 懂得地下贯通工程施工测量的原理和施测方法。
3. 掌握各种工程控制网的布网方案和施测方法。
4. 了解一般工程测量的基本原理和施测方法。

技能要求：

1. 掌握大、中型工程的施工测量、竣工测量技术，并编写工程技术总结报告。
2. 掌握测设大、中型桥梁的控制测量及施工、变形测量。
3. 在指导下能进行地下工程的贯通测量。
4. 能解决工程测量中的一般技术问题和质量问题。
5. 能对工程测量进行一般技术指导。

工作实例：

1. 实施中、大型工程测量、竣工测量和编写技术工作报告书一例。
2. 桥梁变形观测或地下工程贯通测量一例。

附录 C 工程测量工技能知识要求试题

初级工程测量工知识要求试题

（略）

中级工程测量工知识要求试题

一、判断题（共 30 分，每题 1.5 分，对的打√，错的打 ×）

1. 施工控制网是作为工程施工和运行管理阶段中进行各种测量的依据。（　　）

2. 水下地形点的高程由水面高程减去相应点水深而得出。（　　）

3. 建筑工程测量中，经常采用极坐标方法来放样点位的平面位置。（　　）

4. 地下管线测量中，用平面解析坐标来表示地下管线的竣工位置，称为解析法管线测量。（　　）

5. 沉降观测中，为避免拟测建筑物对水准基点的影响，水准基点应距拟测建筑物 100m 以外。（　　）

6. 铁路工程测量中，横断面的方向在曲线部分应在法线上。（　　）

7. 大平板仪由平板部分、光学照准仪和若干附件组成。（　　）

8. 地形图测绘中，基本等高距为 0.5m 时，高程注记点应注记至 cm。（　　）

9. 市政工程测量中，缓和曲线曲率半径等于常数。（　　）

10. 线路工程中线测量中，中线里程不连续即称为中线断链。（　　）

11. 光电测距仪工作时，严禁测线上有其他反光物体或反光镜存在。（　　）

12. 光电测距仪测距误差中，存在反光棱镜的对中误差。（　　）

13. 一、二、三等水准测量由往测转为返测时，两根标尺可不互换位置。（　　）

14. 三等水准测量中，视线高度要求三丝能读数。（　　）

15. 水平角观测中，测回法可只考虑一侧回中 2 倍照准差互差。（　　）

16. 水平角观测时，风力大小影响水平角的观测精度。（　　）

17. 导线测量中，无论采用金属尺量距或电磁波测距，其测角精度一致。（　　）

18. 定线测量中，可以用支导线作为定线的控制导线。（　　）

19. 水准面的特征是曲面处与铅垂线相垂直。（　　）

20. 地形图有地物、地貌、比例尺三大要素。（　　）

二、选择题（共 20 分，每题 2 分，将正确答案的序号填入空格内）

1. 测量建设方格网方法中，轴线法适用于（　　）。

A. 独立测区 　　　　　　　B. 已有建筑线的地区

C. 精度要求较高的工业建筑方格网

2. 大型水利工程变形观测中，对所布设基准点的精度要求应按（　　　）。

A. 一等水准测量　　　　B. 二等水准测量　　　　C. 三等水准测量

3. 一般地区道路工程横断面比例尺为（　　　）。

A. 1 : 50 和 1 : 100　　　B. 1 : 100 和 1 : 200　　　C. 1 : 1000

4. 定线拨地测量中，导线应布设成（　　　）。

A. 闭合导线　　　　　　B. 符合导线　　　　　　C. 支导线

5. 经纬仪的管水准器和圆水准器整平仪器的精度关系为（　　　）。

A. 管水准精度高　　　　B. 圆水准精度高　　　　C. 精度相同

6. 四等水准测量中，基本分划辅助分划（黑、红面）所测高差之差应小于（或等于）（　　　）mm。

A. 2.0　　　　　　　　　B. 3.0　　　　　　　　　C. 5.0

7. 光电测距仪检验中，利用六段基线比较法，（　　　）。

A. 只能测定测距仪加常数

B. 只能测定测距仪的乘常数

C. 同时测定测距仪加常数和乘常数

8. 被称为大地水准面的是这样一种水准面，它通过（　　　）。

A. 平均海平面　　　　　B. 水平面　　　　　　　C. 椭球面

9. 与铅垂线成正交的平面叫（　　　）。

A. 平面　　　　　　　　B. 水平面　　　　　　　C. 铅垂面

10. 水平角观测中，用方向观测法进行观测，（　　　）。

A. 当方向数不多于 3 个时，不归零

B. 当方向数为 4 个时，不归零

C. 无论方向数为多少，必须归零

三、问答题（共 26 分，每题得分在题后）

1. 水准仪的轴线主要有几条？它们之间应满足什么条件？（7 分）

2. 用测回法观测水平角都有哪几项限差？（设方向数不超过 3 个）（5 分）

3. 线路工程测量中，什么是圆曲线要素？圆曲线主点用什么符号表示？各代表什么意义？（7 分）

4. 简述用 DJ_6 级经纬仪进行测回法水平角观测的步骤。（7 分）

四、计算题（共 24 分，每题 8 分）

1. 用经纬仪进行三角高程测量，于 A 点设站，观测 B 点，量的仪器高为 1.550m，观测 B 点棱镜中心的垂直角为 $23°16'30''$（仰角）。A、B 两点间的斜距 S 为 168.732m，量得 B 点的棱镜中心至 B 点的比高为 2.090m，已知 A 点高程为 86.093m，求 B 点高程（不计球气差改正）。

2. 使用一台无水平度盘偏心误差的经纬仪进行水平角观测，照准目标 A 盘左读数 $\alpha_左 = 94°16'26''$，盘右读数 $\alpha_右 = 274°16'54''$，试计算这台经纬仪的一测回中 2 倍照准差值。

3. 计算下表所列支导线各点（P_1，P_2）坐标。

点号	角度观测值			方位角 (° ′ ″)	距离 /m	Y /m	X /m
	右旋 (° ′ ″)	左旋 (° ′ ″)	中数 (′″)				
M				271　05　57		5012.490	2913.098
A	205　47　12	25　47　54					
					198.096		
P₁							
P₂	36　51　06	216　51　18					
					56.13		
P₂							

高级工程测量工知识要求试题

一、判断题（共 30 分，每题 1.5 分，对的打√，错的打×）

1. 《城市测量规范》中规定，中误差的两倍为最大误差。（　　　）
2. 联系三角形法多用于对定向精度要求较高的地下通道的定向测量。（　　　）
3. 地形测量中，大平板仪的安置包括对中、整平。（　　　）
4. 地下管线竣工测量可不测径点。（　　　）
5. 贯通测量中，利用联系三角形法建立联系测量，可通过重复观测来提高定向精度。（　　　）
6. 我国城市坐标系采用高斯正形投影平面直角坐标系。（　　　）
7. 水准仪管水准器圆弧半径越大，分划值越小，整平精度越高。（　　　）
8. 水下地形点的高程是用水准仪直接测出的。（　　　）
9. 市政工程测量中，有横断面图的地方，纵断面图可没有相应的里程桩号。（　　　）
10. 分别平差法导线网单结点平差计算中，坐标增量是用经过平差后的方位角计算的。（　　　）
11. 光电测距仪测距时，步话机应暂时停止通话。（　　　）
12. 水平角观测中，测回法比方向法观测精度高。（　　　）
13. 光电测距仪中的仪器加常数是偶然误差。（　　　）
14. 同精度水准仪测量观测，各路线观测高差的权与测站数成反比。（　　　）
15. 水平角观测一测回间，可对仪器进行精确整平。（　　　）
16. 微机 DOS 操作系统基本命令中，DEL 为删除文件命令。（　　　）
17. 建筑物放线测量中，延长轴线的标志有龙门桩和轴线控制桩两种做法。（　　　）
18. 沉降观测中，建筑物四周角点可不设沉降观测点。（　　　）
19. 建筑物变形观测不仅包括沉降观测、倾斜观测，也包括水平位移的观测。（　　　）
20. 铁路、公路施测的纵断面图，反映了线路中线上自然地面的变化状况。（　　　）

二、选择题（共 20 分，每题 2 分，将正确答案的序号填入括号内）

1. 地下贯通测量导线为（　　）。

A. 闭合导线　　　　　　　B. 附合导线　　　　　　　C. 支导线

2. 地下贯通测量用几何方法定向时，串线法比联系三角形法测量精度（　　）。

A. 高　　　　　　　　　　B. 低　　　　　　　　　　C. 一样

3. 用分别平差法进行导线网单结点平差计算时，应先计算（　　）。

A. 结点坐标方位角最或然值

B. 结点坐标最或然值

C. 结点横坐标最或然值

4. 偶然误差具有的特性是（　　）。

A. 按一定规律变化　　　　B. 保持常数

C. 绝对值相等的正误差与负误差出现的可能性相等

5. 高层建筑传递轴线最合适的方法为（　　）。

A. 经纬仪投测　　　　　　B. 吊垂球线　　　　　　　C. 目估

6. 二等水准测量观测时，应选用的仪器型号为（　　）。

A. $DS_{0.5}$ 型　　　　　　B. DS_1 型　　　　　　　C. DS_3 型

7. 光电测距仪的视线应避免（　　）。

A. 横穿马路　　　　　　　B. 受电磁场干扰　　　　　C. 穿越草坪上

8. 可同时测出光电测距仪加常数和乘常数的方法是（　　）。

A. 基线比较法　　　　　　B. 六段解析法　　　　　　C. 六段基线比较法

9. 高斯正形投影中，离中央子午线愈远，子午线长度变（　　）。

A. 愈大　　　　　　　　　B. 愈小　　　　　　　　　C. 不变

10. 水准仪测量中，水准标尺不垂直时，读数（　　）。

A. 变大　　　　　　　　　B. 变小　　　　　　　　　C. 不影响

三、问答题（共 26 分，每题分值在题后）

1. 平面控制测量的方法有几种？三角网的必要起算数据是什么？（6 分）

2. 建筑物变形观测的主要项目有哪些？（6 分）

3. 当地下通道是通过两个竖井对向掘进时，影响横向贯通误差的主要因素有哪些？（7 分）

4. 城市高程控制网的布网要求是什么？（7 分）

四、计算题（共 24 分，每题 8 分）

1. 如附图 1 所示：已知 B、D、F 三点坐标及 AB、CD、EF 之方位角，并已实测 $\angle ABG$、$\angle CDG$、$\angle EFG$，即 $\alpha_{AB} = 90°00'00''$、$\angle ABG = 50°33'00''$，B 点的坐标 $Y_B = 5147.309\text{m}$、$X_B = 3000.000\text{m}$，$\alpha_{CD} = 272°04'22''$、$\angle CDG = 242°30'30''$，$D$ 点坐标 $Y_D = 5119.934\text{m}$、$X_D = 3000.992\text{m}$，$\alpha_{EF} = 268°46'35''$，$\angle EFG = 306°52'51''$，$F$ 点坐标 $Y_F = 5027.382\text{m}$　$X_F = 2999.015\text{m}$

试计算两组 G 点交会坐标，并判断在拨地测量中，两组 G 点交会坐标是否超限？若不超限，则求其平均值。

2. 如附图 2 所示，已知：

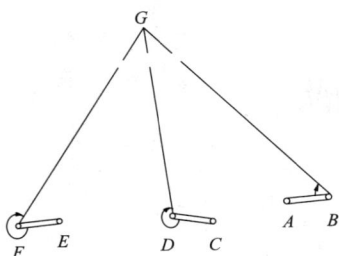

附图 1

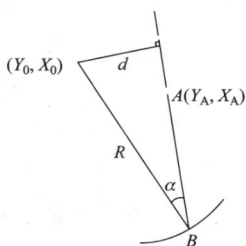

附图 2

（1）直线 AB 的方位角 $\alpha_{AB} = 179°49'03''$；

（2）直线上 A 点坐标为 $Y_A = 5025.049\text{m}$、$X_A = 2988.793\text{m}$；

（3）曲线圆心坐标 $Y_0 = 4810.111\text{m}$、$X_0 = 3253.093\text{m}$；

（4）曲线半径 $R = 350.000\text{m}$。

求直线 AB 与曲线交点 B 之坐标 Y_B、X_B。

3. 如附图 3 所示，在公路工程测量中，已知 AB 的方位角 $\alpha_{AB} = 289°42'28''$，$BC$ 的方位角 $\alpha_{BC} = 293°49'34''$，$B$ 点的坐标 $Y_B = 5557.329\text{m}$，$X_B = 3001.035\text{m}$，桩号为 $K_2 + 419.57$，曲线半径 $R = 1500.000\text{m}$。求算曲线元素：曲线长 L，切线长 T，外距 E，转角 α，圆心坐标及曲线主点 BC（ZY）、MC（QZ）、EC（YZ）的桩号。

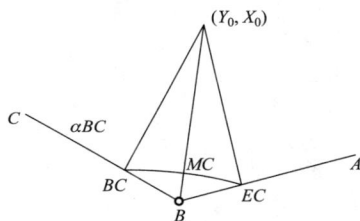

附图 3

参 考 文 献

［1］李仕东. 工程测量.（第2版）［M］. 北京：人民交通出版社，2005.

［2］张保成. 工程测量实训指导书［M］. 北京：人民交通出版社，2007.

［3］中华人民共和国劳动与社会保障部. 中华人民共和国职业技能鉴定规范［S］. 北京：社会劳动与保障出版社，2001.